KLAUS KOWALSKI

PLASTISCHES ARBEITEN

LEHRERHEFT

INHALTSVERZEICHNIS

Vorwort 2– 5

Zwei plastische Wirklichkeiten 6–11

Material Papier
Plastiken aus Papier 12–19

Material Ton
Plastiken aus Ton 20–27
Vollplastik aus Ton 28–32
Aufbauplastik aus Ton 33–37
Kopfplastik aus Ton 38–44

Material Gips
Plastiken aus Gips 45–49
Tonnegativ – Gipspositiv – Relief 50–55
Materialcollage mit Gips / Gipscollagerelief 56–59

Montageplastik 60–62

Objektplastik 63–64

Material Holz
Plastiken aus Holz 65–68
Holzkerbarbeiten 69–71

Material Stein
Plastiken aus Stein 72–75
Arbeiten in Speckstein 76–79
Arbeiten in Ytong 80–83

Plastische Grundprinzipien / **Plastische Komposition** 84–91

Die Aufstellung von Plastiken / **Plastik und öffentlicher Raum** / **Öffentliche Aufgaben der Plastik** 92–95

Impressum/Abbildungs- und Quellennachweis 96

Ernst Klett Schulbuchverlag
Stuttgart Düsseldorf Berlin Leipzig

Lehrerbegleitheft

Vorwort

Plastik und Bildhauerei nehmen beim praktischen Arbeiten in der Schule nach wie vor eine untergeordnete Rolle ein. Dies hat verschiedene Gründe. Zum einen sind viele Lehrer im Studium eher in Malerei oder Grafik ausgebildet worden, zum anderen sind Gestaltungsprozesse in den Flächenkünsten weniger langwierig als bei der Herstellung einer Plastik. Dem ist entgegenzuhalten, daß die Werkprozesse im Bereich Plastik wesentlich ausgeprägter zu erleben sind als in den Flächenkünsten, und so das Engagement der Schüler/innen im stärkeren Maße herauszufordern vermögen. Der Umgang mit originären Materialien wie Ton, Gips oder Stein stellt den Lehrer allerdings hin und wieder vor Probleme. Sie müssen z. B. herangeschafft und aufbewahrt werden. Eine detaillierte Planung und Organisation kann viele Schwierigkeiten lösen. Das plastische Arbeiten ist aber nicht nur in besonders ausgestatteten Räumen möglich. Das Arbeitsheft versucht überwiegend auf die sogenannten Klassenzimmertechniken einzugehen und regt so den Schüler an, den Stoff nicht nur theoretisch kennenzulernen sondern auch handfest praktisch anzugehen.
Bei der inhaltlichen Auswahl der Beispiele war die Machbarkeit im Alltag der Schule und die Auswahl von Techniken maßgebend, die sich an den Fähigkeiten der Jugendlichen dieser Altersstufe orientieren. Dabei geht es auch darum, Sachverhalte möglichst gut zu veranschaulichen. Dazu dienen didaktische Zeichnungen und exemplarische Beispiele aus dem Bereich der bildenden Kunst. Grundsätzlich handelt es sich in diesem Arbeitsheft um ein offenes Material. Es erlaubt dem Lehrer jede Art der Auslassung, Umstellung und Gewichtung von Interessenschwerpunkten und gestattet, in einem selbst bestimmten Rahmen über Anregungen im Lehrerbegleitheft auch andere als die hier aufgenommenen Wege zu beschreiten. So ist ein Höchstmaß an Information mit einem Höchstmaß an Flexibilität vereint worden – in der Hoffnung, daß dieses ein Schritt in die richtige Richtung bei der Gestaltung von Unterricht ist, d. h. den Unterricht und den Einsatz des Arbeitsheftes auf die Situation der Klasse abstimmen zu können und die Schüler so viele praktische Erfahrungen wie nur möglich machen zu lassen.

Aufbau des Arbeitsheftes
Das Arbeitsheft ist in Inhaltsblöcke gegliedert. Jeder Block beginnt mit einer Einführung in das jeweilige Material, wie: Papier, Ton, Gips, Holz, Stein und die modernen Arbeitsverfahren Montage- und Objektplastik. Beispiele aus Vergangenheit und Gegenwart sind in Abbildungen den Verfahren jeweils gegenübergestellt. Auf diese Weise lernt der Schüler nicht nur Eigenheiten der Materialien und ihrer Bearbeitungsweisen kennen, sondern auch kulturelle Bereiche und künstlerische Konzepte, die sich mit Vorliebe mit dem einen oder anderen Material beschäftigt haben. Sowohl die Eigenheiten der Materialien als auch die folgenden Anwendungsbeispiele können im Unterricht der Klassen 7 bis 11 nach Wahl bearbeitet werden, wobei eine Ausweitung in die Sekundarstufe II ebenso denkbar ist.
Auf der linken Seite (gerade Seitenzahlen) stehen in der Regel alle werkstofflichen, bearbeitungs- und verfahrenstechnischen Hinweise. Gemeinsam im Unterrichtsgespräch erörtert, geben sie dem Schüler die Möglichkeit, von sich aus an die praktische Arbeit gehen zu können. Das vorliegende Lehrerbegleitheft enthält Sachinformationen und Vorschläge, in welchen Schrittfolgen der praktische Ablauf des Unterrichts thematisiert und organisiert werden kann und gibt weiterführende Anregungen.
Die rechte Seite des Schülerarbeitsheftes (ungerade Seitenzahlen) zeigt Abbildungsmaterial aus Vergangenheit und Gegenwart. An den Anfang gestellt, kann es Motivation und Einstieg in eine Unterrichtseinheit mit praktischer Arbeit sein. Der Einsatz am Ende einer Unterrichtsreihe kann der Vertiefung dienen und darüber hinaus die Möglichkeit

bieten, erste werkbetrachtende Vergleiche auch unter Einbezug eigener praktischer Arbeiten durchzuführen. Die hierfür notwendigen kunsthistorischen Informationen sind an entsprechender Stelle im Lehrerbegleitheft zu finden. Zu jedem Arbeitsabschnitt sind Aufgabenstellungen formuliert, deren Lösungen im Lehrerbegleitheft aufgeführt sind.

Das Arbeitsheft führt in die drei wichtigsten Arbeitsmöglichkeiten im Dreidimensionalen ein:
- das plastische Arbeiten in weichen Materialien wie Ton, Gips und Papiermaché (Plastik),
- das skulpturale Arbeiten in harten Materialien wie Holz, Ytong und Speckstein (Bildhauerei),
- das Arbeiten mit vorgefundenen Gegenständen, die zweckentfremdet zu neuen Sinnzusammenhängen zusammengebaut werden (Objekt- und Montageplastik)

und führt in die Prinzipien der Freiplastik und des Reliefs ein.
Dabei werden Grundlagen körperplastischer Kompositionsformen angesprochen, die schließlich in die Frage nach den Aufgaben der Plastik in unserer Gesellschaft münden. Auf die Tatsache, daß es keine festlegbaren Kompositionsregeln im Bereich der Montage- und Objektplastik gibt, wird mit einem Angebot grundlegender Erfahrungen eigener Wahrnehmungen bei der Begegnung mit Körper und Raum entsprechend der Altersstufe reagiert. Entsprechende Erfahrungen können oft in der Schule nicht mehr gemacht werden. Das Bewußtsein um die raumkörperliche Organisation unseres Lebensraumes droht zunehmend durch die flächigen Reproduktionen von Bildern in Buch, Zeitschrift, Film, Video, Computer verloren zu gehen. Versuche, öffentliche Plätze durch Plastiken zu beleben, und schließlich unsere eigene Leiblichkeit zu erfahren, wären Grund genug, Körper- und Raumerfahrungen beim Schüler durch Selbsttun auszubilden und zu pflegen. Das Gestalten einer Plastik trägt dazu bei, sich selbst im Umraum zu orientieren und mit dem Stand des Werkes den eigenen Standort in dieser Welt zu festigen.
Da die klassischen Perioden der Kunstgeschichte für die didaktisch-methodisch notwendige Isolierung von Einzelproblemen und Vorgehensweisen weniger geeignet sind, und sich ihrer Komplexität wegen schwer erschließen lassen, werden in diesem Arbeitsheft vornehmlich Werke aus den Frühkulturen und der Moderne abgebildet. Dies ist durchaus zu vertreten, wenn man bedenkt, daß Schüler in der Regel kaum über Kenntnisse der Menschendarstellung verfügen. So wurden für dieses Arbeitsheft ganz bewußt Darstellungsmöglichkeiten ausgesucht, die den Schüler unmittelbar betreffen und die erfolgreich im Sinne der Aufgabenstellung durchzuführen sind.
Eine Ausnahme stellt hierbei der Kurs „Kopfplastik“ dar. Die hohe Identifikation des Schülers mit der eigenen Arbeit macht diese Thematik geradezu zum „Aufmacher“ für alles plastische Arbeiten in der Sek. I., gleichgültig in welcher Klasse. Am Beispiel „Kopf“ läßt sich jedoch auch durch Vergleiche ansatzweise die Problematik fehlender anatomischer Kenntnisse ansprechen.
Bei der Auswahl von Unterrichtsvorschlägen spielte der Faktor Zeit eine wichtige Rolle. Die praktisch gewonnenen Erfahrungen des Körperhaft-Räumlichen machen es möglich, das Vermittelte auch in den Alltag zu übertragen und ein Verständnis für den Teil der Wirklichkeit anzubahnen, den jeder in seinem Lebensraum antrifft: die vier Wände des privaten Wohnraums und die Plastiken im öffentlichen Raum. Letzteren wurde deswegen auch ein eigenes Kapitel gewidmet. Die Kapitel des Lehrerheftes (LH) folgen der Gliederung des Arbeitsheftes (AH) und brauchen deswegen nicht eigens aufgeführt zu werden.

Didaktisch-methodische Vorbemerkungen
Das Material ist nicht kontinuierlich nach Schuljahren geordnet. Der Schwierigkeitsgrad, d.h. die stofflichen Anforderungen, nehmen aber zum Ende des Heftes hin zu, so

daß eine Zuordnung zu einzelnen Klassenstufen durchaus sinnvoll sein kann, aber nicht Bedingung ist. Eine Papierarbeit läßt sich sicher in der 7. wie in der 10. Klasse anfertigen. Mit Ytong und Holz sollte aber nicht vor der 9. Klasse begonnen werden. Die Seiten „Plastische Grundprinzipien“ und „Plastische Komposition“ sollten am besten erst in der Klasse 10 angesprochen werden.

Die Tatsache, daß das Arbeitsmaterial punktuell und frei kombiniert einsetzbar ist, läßt es den unterschiedlichen Anforderungen in den Richtlinien der Länder, als auch den individuellen Möglichkeiten des Lehrers und seiner Schule durch konstruktive Auswahl bestimmter Inhalte gerecht werden:

1. Eine Kursabfolge, die sich sehr stark auf praktische Erfahrungen der Schüler im Erkennen plastischer Probleme konzentriert, ist zeitaufwendig und setzt einen kontinuierlichen Unterricht in allen Klassenstufen voraus. Es müßte dann der Bereich Papier in der 7., der Bereich Ton, Gips und Gipscollage in der 8. Klasse, Holz und Stein in der 9. und die theoretischen Grundlagen in der 10. Klasse praktisch wie theoretisch bearbeitet werden.
2. Eine rein theoretische Erarbeitung plastischer Probleme (mit den Seiten 3, 32 und 33 beginnend, mit den Seiten 34 bis 39 fortführend, schließlich S. 16, linke Spalte mit der Erarbeitung des Gegensatzes von Freiplastik und Relief endend) ist zwar ebenfalls möglich, aber sicherlich im Hinblick auf die Interessen der Schüler/innen wenig sinnvoll. In diesem Fall ist das Abbildungsmaterial des Arbeitsheftes als Beispielsammlung zu verwenden.
3. Wer die Schüler nur mit den grundsätzlichen Arbeitsformen von Plastik und Bildhauerei im engeren Sinne bekannt machen möchte, kann auch dieses mit dem Material des Arbeitsheftes bewerkstelligen. Der Einstieg wird dann am besten bei S. 32/33 gesucht, wobei in der praktischen Arbeit schon das Relief und die Freiplastik mit behandelt werden können. Dann wird eine der Bearbeitungsmöglichkeiten von S. 8/9 oder S. 10/11 gewählt, um das plastische Arbeiten erproben zu lassen. Danach ließen sich in Speckstein (S. 30) oder noch besser im Ytongblock (S. 31) Erfahrungen mit der Bildhauerei machen, die dann mit einer vergleichenden Werkbetrachtung S. 29 abgeschlossen werden.
4. Ebenso kann das Arbeitsheft einen material- und verfahrensorientierten Zugriff auf das Problem der modernen Vorgehensweisen von Collage, Montage und „Objet trouvée“ bieten.

Ein erfolgversprechender Einstieg in das plastische Arbeiten bietet die S. 14 (Einführung in das Material Gips) und die Fortführung mit S. 16 bis 23. Der Vorteil eines solchen Einstiegs liegt in einer sehr großen Nähe zum Realitätsbedürfnis dieser Altersstufe, welches in diesem Fall ohne handwerklich-technische Schulung befriedigt werden kann. Dieses Arbeitsheft bietet keinen kunstgeschichtlichen Überblick. Die gezielte Auswahl von Abbildungen macht es dennoch möglich, dem Schüler einen allerersten Eindruck der Entwicklung zu geben: Abb. 7.1 (Frühzeit); Abb. 11.2 (Vorkretisch); Abb. 25.1 (Gotik); 29.1 (Renaissance/Manierismus); Abb. 13.2 (Aufklärung); Abb. 34.1 (Expressionismus); Abb. 29.2 und Abb. 37.1 (Nachkubismus); Abb. 25.2 (Neue Wilde).

Umfassender sind die Beispiele für die Entwicklung der Moderne: Abb. 13.2 (Kopf von Houdon) und Abb. 15.2 (Büste von Giaccometti) könnten im Vergleich den Anfang bilden, danach könnten Abb. 34.1 (Maillol); Abb. 32.4 (Hartung) und Abb. 29.2 (Wotruba) verglichen werden, um den Abstraktionsprozeß innerhalb der klassischen Moderne zu verdeutlichen. Anschließend ließen sich Abb. 27.3 (Brancusi) und Abb. 33.1 (Heiliger) gegenüberstellen, um den meditativen und den expressiven Aspekt der Moderne zu beleuchten, sowie mit Abb. 22.1 (Picasso), Abb. 23.1 (Johns), Abb. 20.1 (Cornell), Abb. 5.1 (Saint Phalle), Abb. 22.2 (Indiana) und Abb. 38.1 (Long) ein Eindruck über die Emanzipation des Gegenstandes (Objekts) von der frühen Moderne bis zur Postmoderne geben. Am Ende könnte ein

Vergleich Abb. 20.2 (Tinguely), Abb. 32.2/3 (Arp) mit Abb. 25.2 (Penck) stehen, um die drei heute nebeneinander stehenden Grundauffassungen von „Plastik“ anzudeuten.
Durchaus möglich ist es, z. B. in einem Grundkurs der 11. Jahrgangsstufe, die Probleme des Plastischen in der natürlichen und künstlichen Welt mit einer eher philosophischen Fragestellung anzugehen und die unterschiedlichen kulturellen Ausprägungen von Plastik zu bedenken. Dazu bieten sich die S. 3 und S. 38/39 als Einheit an, die mit dem Abbildungsmaterial des übrigen Heftes zu veranschaulichen wäre. Der Einsicht in die drei bildnerischen Möglichkeiten Plastik/Bildhauerei/Objekt und Montage folgend, könnte über kulturelle Funktionen der Plastik nachgedacht werden, was schließlich auch die Frühkulturen in die Überlegungen miteinbezieht. Daraus entsteht die Frage nach der Verwendung artifizieller Materialien in einer fortgeschrittenen Industriegesellschaft wie von selbst. Durch Werkbetrachtungen (z. B. Abb. 5, Abb. 9.2, Abb. 21.1, Abb. 25.1, Abb. 32.1 auf der einen und Abb. 18/19, Abb. 21.2, Abb. 31 auf der anderen Seite) könnte deutlich gemacht werden, daß in der einen Gruppe das Erinnern und Vergegenwärtigen zur Naturnachahmung (S. 17 „Sehplastik“) führt, während in der anderen Gruppe ein Gedanke sinnlich faßbar gemacht wird und zu einer weiterführenden Erkenntnis (Abb. 28.1/2 „Denkplastik“) verhilft.

Psychologische Anmerkungen
Die Schüler der Sek. I befinden sich in unterschiedlichen Phasen der Pubertät, weswegen ihre Einstellungen zur konkreten Wirklichkeit und ihrer Materialität sowie zu Gestaltungsakten und deren geistiger Verarbeitung nicht einheitlich sind. Dies wirkt sich in der Klasse 7 oft so aus, daß ein Teil der Schüler noch Symbolgestalten herstellt, während andere schon ihren neu erwachenden Realitätssinn befriedigen möchten. In der Vorstellung glauben sie, in der Lage zu sein, das Objekt ihrer Phantasien tatsächlich plastisch-körperlich darstellen zu können und sind in dem Maße enttäuscht, in dem das Ergebnis ihrer Arbeit von ihrer Vorstellung abweicht. Immerhin aber vermag diese Gruppe Jugendlicher sich dem konkret vorhandenen Vorbild schon zuzuwenden und beginnt, das nachzubilden, was das Auge und die tastende Hand an Formen registriert. Nicht so der noch auf der Symbolebene operierende Schüler. Er ist noch auf das Gemeinte fixiert, das er auf direktem Wege bearbeiten möchte. So kommt es, daß das, was beim Zeichnen von Gegenständen kein Problem ist, im Plastischen zum Problem wird: diese Schüler „zeichnen“ mit dem Meißel. Sie sind zufrieden, wenn sie die auf einem Stein aufgezeichneten Konturen von Augen, Nase und Mund nachgekerbt haben. Die Nase ist aber im Gesicht keine Vertiefung und nicht linear gebildet, sondern eine Erhöhung und körperlich voluminös. Es bedarf einer längeren, inneren Entwicklungsarbeit, in ihnen die Fähigkeit zu schaffen, das zu bearbeiten, was sie nicht meinen. Die symbolische Einstellung verliert sich im Bereich des Plastischen im Laufe der 8. Klasse. Aus diesem Grund ist es methodisch einfacher, mit plastischen und nicht mit bildhauerischen Techniken in der Sek. I zu beginnen. Ebenso entwickelt sich der Sinn für das Rund-Um einer Plastik im Gegensatz zur Einansichtigkeit erst allmählich.
Eine große Rolle in der Entwicklung des Jugendlichen spielt das oft vorhandene, überschüssige Kräftepotential, das sie gerne unter Beweis stellen möchten. Es läßt sich über die Arbeit mit bildhauerischen Materialien hervorragend in schöpferische Bahnen lenken. Stein und Holz nehmen manche Aggression auf und lenken sie auf das Entstehen eines Werkes.
Bedeutsam für jedes Lernen ist auch im Bereich des plastischen Arbeitens, die Möglichkeit zum Selbsttun zu geben. Für die Heranwachsenden dieser Altersstufe kann dies ein wichtiges Moment der Bildung des Selbstbewußtseins darstellen und Grundlagen für das Hineinwachsen in die Welt der Erwachsenen bieten.

ZWEI PLASTISCHE WIRKLICHKEITEN (AH S. 3)

Materialien

Umgebung, eigene Hand

Arbeitsmittel

Schülerarbeitsheft S. 3,
Text und Abbildungen

I. Sachinformationen

Mit dem Text und den beiden Bildern dieser Seite soll dem Schüler bewußt gemacht werden, daß er unreflektiert in einer plastisch-körperlichen Welt lebt, selbst Körper ist und wie jedes dreidimensionale Ding auch Raum einnimmt. Dennoch haben seit Urzeiten Menschen die Notwendigkeit empfunden, eine künstlich gestaltete, körperplastische Welt nachzuschaffen. Auf diese Tatsache, die menschliche Kultur schlechthin ausmacht, weist der erste Abschnitt des Textes hin. Wir sind umgeben von einer durch den Menschen geschaffenen Gegenstandswelt, in der wir die Farben als das Beeindruckende, die körperliche Gestalt als das sowieso Gegebene ansehen. Auf diesen merkwürdigen Umstand unserer Wahrnehmungsgewohnheiten weisen z. B. Schwarz-Weiß-Fotografien hin, aber auch der im Text erwähnte Tatbestand des „Begreifens" verdient Beachtung: Farben kann man nur sehen, Formen lassen sich ersehen und ertasten.
Ein Kind begnügt sich selten mit dem Ansehen, es will die Dinge seiner Umgebung durch Umgreifen kennenlernen. Nur ertastete Gegenstände sind in ihrer konkreten Wirklichkeit im wahrsten Sinne des Wortes zu begreifen. Sehen kann täuschen, wie z. B. die täuschend ähnliche Holzmaserung von Polyestertischplatten oder die Kunststoffurniere mit dem Etikett „kiefernartig" verdeutlichen: ein Moment der Berührung, und jeder weiß, es handelt sich nicht um Holz. Und so haben die Menschen fast aller Zeiten nicht nur Bilder gemalt, sondern auch körperplastische Werke geschaffen, die wie eine Art plastische Gegenwelt zur vorhandenen anmuten. Was also leistet die körperlich vorhandene Wirklichkeit, was die von Menschen künstlich geschaffene des Plastischen? Dieses ist die Frage, deren Beantwortung hier mit den Schülern mittels Text und Bild versucht werden kann und die im ersten Abschnitt des Textes angeschnitten ist.
Meist faßt jeder seine Umgebung nur als Funktionsträger (z. B. Schreibfläche, Sitzgelegenheit) oder als gegebenen Inhalt (Tisch, Stuhl) auf. Es gilt, neben dem Inhalt und der Funktion der Gegenstände auch die Form der Gegenstände mit zu berücksichtigen. Erst durch die Beobachtung der Umgebung, deren hier erwähnte drei Betrachtungsmöglichkeiten auch an der Tafel tabellarisch niedergeschrieben, das Gespräch unterstützen können, soll den Schülern deutlich werden, daß es nicht nur vordergründig wahrgenommene farbige Eindrücke der Gegenstandswelt gibt, sondern daß diese immer schon eine Form hat, bevor sie als Farbe wirken kann.
Der Künstler sucht nach einem geeigneten Ausdrucksmittel seiner inneren Vorstellungen – und kommt zum Malen oder „Bildhauen". Manche Künstler, wie z. B. Michelangelo oder Picasso haben beide Möglichkeiten des künstlerischen Ausdrucks ergriffen. Das Interesse des Plastikers und Bildhauers wird von einem Interesse an den Formen gelenkt, das ihn nötigt, sich aus der Vielfalt der möglichen Eindrücke seiner Umgebung nur dem der Form zuzuwenden. Damit legt er sich einerseits selbst Beschränkungen auf – er muß auf die Darstellung aller farbigen Eindrücke, wie z. B. den Reflex des Sonnenlichts auf einem polierten Brustpanzer und alle flüchtigen Eindrücke, wie z. B. den Rauch des Feuers, verzichten – andererseits vermag er präzisere Aussagen über einen körperlichen Gegenstand zu machen, wie beim Volumen einer Flasche, dem plastischen Oberflächenverlauf einer Frucht, den Formzusammenhängen eines Menschen. In diesem Zusammenhang ist es hilfreich, sich in Erinnerung zu rufen, was Moore zu seinem Bildhauerdasein selbst gesagt hat:
Meiner Meinung nach ist der Bildhauer ein Mensch, den die Gestalt der Dinge interessiert.

Ein Dichter interessiert sich für Wörter, einen Musiker interessieren Töne, oder er ist gar von ihnen besessen; ein Bildhauer jedoch ist besessen von Gestalt und Form, und es ist nicht die Gestalt von etwas Bestimmten, sondern die von allem und jedem: vom Wachstum einer Blume, von der harten, starken, dennoch zarten Form eines Knochens (Abb. 23.2), *von einem kräftigen, massiven Buchenstamm. (...) Ich zum Beispiel sammle allerlei Treibholz – was immer ich finde, dessen Form mich interessiert – und bewahre es in meinem kleinen Atelier auf; wenn ich dann tagsüber oder abends in den Raum komme, gibt es etwas, das ich nach fünf oder zehn Minuten zur Hand nehme oder mir ansehe und das mir einen neuen Einfall gibt – Anregung für neue Ideen.*
(Henry Moore, Ausstellungskatalog Residenz München, 1983/84, Nr. 50).

Es ist sicher einfacher, den Bereich der absoluten (sog. gegenstandslosen) Plastik der Moderne nicht mit in die Diskussion aufzunehmen. Der Lehrer sollte sie mit bedenken, obwohl die hier angeführten Beispiele einer neuzeitlichen Einstellung zu künstlerisch gestaltbaren Motiven gehören. Aber die die Wirklichkeit noch einmal neu abbildende (mimetische/sog. gegenständliche) Plastik der Neuzeit entspricht den Interessen der hier angesprochenen Altersstufe eher und ist deshalb als Fragestellung eingängiger als die von der unmittelbar erfahrbaren Realität losgelösten künstlerischen Probleme der modernen Plastik – die überdies an vielen Stellen dieses Arbeitsheftes zur Sprache kommen kann. So wird einsichtiger, daß der Plastiker eine zweite, plastische Wirklichkeit schafft, die zusätzlich zu dem natürlich Entstandenen – der Natur – und den vom Menschen in einer Kultur künstlich hergestellten Gebrauchsgut existiert. Warum?
Die Antwort im Text bezieht sich zunächst auf die formalen Wirkungen des Plastischen. Sie haben in früheren Zeiten keine Erwähnung gefunden und können deswegen auch nicht der alleinige Grund für das Vorhandensein plastischer Werke in allen Kulturen der Menschheit, mit Ausnahme des Islam, sein. Die im Text angesprochene „zweite Wirklichkeit“ diente den Menschen stets dazu, Gegenstände der Vergänglichkeit zu entreißen, sie zu Denk-Malen werden zu lassen, die dem Betrachter eine „plastische Vorstellung“ vermitteln sollten. Die religiöse und politische Plastik etwa nimmt eine Art Stellvertreterrolle an. Sie verewigt die körperhafte Gestalt des längst Verstorbenen (z. B. in Ägypten oder in der Renaissance), bringt eine nie gesehene Göttergestalt zur Anschauung (z. B. in der griechischen und mittelalterlichen Plastik) oder behauptet die Allgegenwart des Herrschers durch seine plastisch-körperhafte Existenz (z. B. in der römischen Kaiserzeit, im Absolutismus des Barock, bei den Nationalsozialisten und in ehemals sozialistischen Ländern). Auch in der Moderne ist dieses Festhalten oder Bewußtmachen eines räumlichen oder körperhaften Zustandes ein durchgehendes Motiv für den Plastiker, nur wenden sich seine Interessen mehr den hinter der Erscheinungswelt liegenden Strukturen von Kräften und Prozessen zu (vgl. z. B. Abbildungen S. 21, 22, 32, 33). All dieses muß der Bildhauer oder Plastiker also aus sich heraus entsprechend seinem Willen oder seiner Sensibilität für noch Verborgenes durch die Bearbeitung eines von ihm gewählten Materials veranschaulichen. So ist die „zweite Wirklichkeit“ eine durch die Sichtweisen und Gedanken des schöpferischen Menschen gefilterte erste Wirklichkeit in anderer Materialität.
Aus dieser Grundtatsache allen plastischen Arbeitens heraus läßt sich nun auch die Frage nach den Veränderungen der zweiten gegenüber der ersten Wirklichkeit leichter beantworten. Der Realitätseffekt ist ein doppelter: zunächst stutzen wir über eine steinerne oder aus Kunststoff nachgeformte Hand. Je näher das Nachbild dem Vorbild kommt, desto bewußter wird uns das Leblose und in ihm die Vergänglichkeit des Lebendigen. Dies ist mit dem „Stolpern“ über die zweite Wirklichkeit gemeint, denn wir sind gewohnt, in der ersten unreflektiert zu leben. Die plastische Wirklichkeit zwingt zur Begegnung, zum Gegenüber. Je abstrahierter die künstle-

rische Nachgestalt ist, desto eindrucksvoller treten Gesetzmäßigkeiten und Schönheiten des Geformten an den Tag. Auch sie führen zum „Stolpern" über unsere eigenen Gewohnheiten: in der Plastik ist es nur der eine Aspekt, der hier konzentriert ist, während wir gewohnt sind, die Funktionen und Inhalte aller uns umgebenden Gegenstände nur zu nutzen - nicht zu betrachten. So entsteht durch die Arbeit des Künstlers ein plastisches Bild.

Auf diesem Wege lassen sich den alltäglichen Gebrauchsgegenständen Bedeutungsverschränkungen, Assoziationen und bisher unbewußte Gefühlshaltungen entlocken. Das schafft die Voraussetzung für eine freie Aneignung der Umwelt und ein nachdenkendes Eindringen in die substantielle Realität der Objekte, die uns umgeben - einschließlich der Massenartikel des täglichen Konsums.

Plastiken, so sagt z. B. Henry Moore, sollen auf den ersten Blick immer etwas geheimnisvolles an sich haben, verborgene Bedeutungen anklingen lassen. Die Menschen sollen länger schauen, um nachdenken zu können. Deswegen sollte eine Skulptur nicht gleich alles über sich preisgeben. Um das Kunstwerk Plastik zu verstehen, sind anfänglich gewisse Anstrengungen erforderlich, um Tiefenschichten erfassen zu können.

II. Anmerkungen ...

... zum Bildmaterial S. 3

Die Gegenüberstellung der fotografierten Hände des Bildhauers Henry Moore und der gemeißelten Hände einer seiner frühen Plastiken verdeutlichen den Unterschied zwischen „der ersten" und der „zweiten Wirklichkeit". Hier die runzelige Hand des Bildhauers Henry Moore in seinem etwa 65. Lebensjahr, eine Hand, die die Stein-, Gips- und Tonarbeit gewohnt ist. Dort die aus Stein gemeißelten Hände eines jungen Mädchens, die zu einer Plastik gehören, die Moore 1931 - also 33 Jahre alt - aus einem in England vorzufindenden Stein gemeißelt hat (Abb. 1, LH).

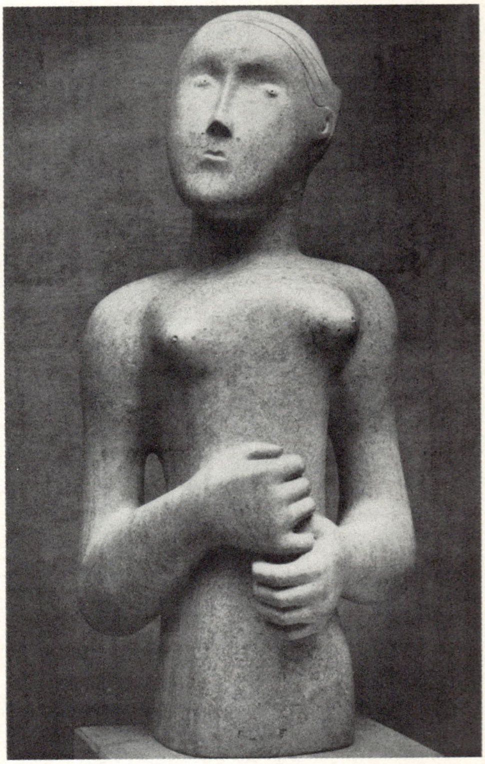

Abb. 1: Henry Moore: Girl, Ancasterstein, White Chapel Art Gallery, London

Damals war Moore von der Großzügigkeit der mexikanischen Steinplastik beeindruckt und suchte nach Formen, die durch ihre Rückführung auf formale und inhaltliche Wesensaspekte nicht die äußere Erscheinung des Modells, sondern deren ideelle Wesenserscheinung festzuhalten suchten. So ist die Handhaltung des Mädchens auch leicht psychologisch zu deuten: in ihr steckt noch alle Schüchternheit einer Heranwachsenden.

Hier also die natürlichen Gegebenheiten, dort die Formstrenge; hier mehr die Geschichte, die uns diese arbeitsgewohnten Hände erzählen, dort eher die Einsicht in den Bau der Hand, der Finger, des Einzelnen im Ganzen; dort eine zufällige Haltung, hier die bewußt gewählte Stellung der Finger, die die Zartheit und Schüchternheit eines jungen Mädchens ausdrücken und feststellen. Dieser durch die Hände ausgedrückte Gemütszustand ist mehr als nur eine zufällige Handhaltung, vielmehr wird sie zum Denk-Mal einer inneren Haltung.

... zu den Aufgaben S. 3
Soll die Aufgabe voll erfüllt werden, müßten an der Tafel folgende Momente in bezug auf die plastische Wirklichkeit aufgelistet werden:
Was leistet die zweite Wirklichkeit (Plastik) gegenüber der ersten Wirklichkeit (Natürliche Körperlichkeit):
- sie stellt Natürliches in einem anderen Material dar
- sie reduziert das Wirkliche
- sie überführt Zufälliges in bewußte Ausformung
- sie macht bestimmte Aussagen über die erste Wirklichkeit (z. B. das Bauprinzip der Finger, die Empfindungen eines jungen Mädchens)
- sie lenkt eigene Erfahrungen auf neue Denk- und Erfahrungsmöglichkeiten der ersten Wirklichkeit
- sie vermittelt Daseinsqualitäten.

... zur psychologischen Situation
Aus dem vorangegangenen Text geht hervor, daß die Schüler zwischen der 7. und 11. Klasse „gegenstandsorientierten Interessen" nachgehen. Deswegen ist es auch angebracht, im Unterricht nicht gleich mit der Türe ins Haus zu fallen und das Problem an gegenstandsloser Plastik aufzuzeigen. Der Sinn für diese Kunstausformung ist für diese Altersstufe auf Anhieb schwer einsehbar zu machen.

III. Unterrichtsvorschläge

Anmerkungen zur Abfolge der Unterrichtsschritte
Der Text auf S. 3 ist nicht auf eine bestimmte Stelle innerhalb eines Kurses festgelegt (siehe didaktisch-methodische Vorschläge). Der Text kann als Einführung in Probleme des Plastischen im Gegensatz zu denen von Farbe und Linie verwendet werden oder als Zusammenfassung von Erfahrungen dienen, die die Schüler durch praktische Arbeit gemacht haben. Immer handelt es sich um das Bewußtmachen von künstlerischer Bildsprache in einem bestimmten Medium – der Plastik – überhaupt.
Erster Schritt:
In diesem Sinne ist auch die zu Beginn des Textes stehende Aufforderung gemeint: Woche um Woche verbringen die Schüler ihre Zeit im gleichmäßigen Trott in wechselnden Räumen, sitzen in Klassenzimmern, im Pausenhof – aber niemand nimmt etwas Räumliches oder Körperliches bewußt wahr. So ist es ein erster Schritt der Annäherung an das Problem, wenn sich die Schüler nach dem Lesen des ersten Textabschnitts ihrer formgebundenen Umwelt bewußt werden. Sie können Dinge mit geschlossenen Augen ertasten und über ihre Erfahrungen sprechen, sie können Vergleiche in Form- und Oberflächenreizen anstellen und verschieden geformte, aber inhaltlich und funktional gleiche Gegenstände, wie z. B. verschiedene Stühle, betrachten und über die Unterschiede sprechen. Durch das Erfahren und Beschreiben unterschiedlicher Zuständlichkeiten des Rauh und Glatt, des Warm und Kalt, des Starr und Weich nimmt der Schüler auch sich selbst bewußter wahr, z. B. die Kleidung, die Haare, die Hände. Wichtig wäre, die Eindrücke des Haptischen, aber auch die Form der gefühlten und gesehenen Dinge in Worte zu fassen. Da ist die Fläche der Tischplatte, das pfeilerartige Rundum der Tischbeine, der darunter eingeschlossene Raum, da das gewellte Auf und Ab der Kleidungsoberfläche, die eigentümliche Körperlichkeit der Hand, das Eindrück- und Veränderbare, das doch seine ursprüngliche Form wiedererhält.
Die Erfahrungen können an der Tafel notiert und nach den drei oben erwähnten Kategorien geordnet werden.
Zweiter Schritt:
In einem zweiten Schritt geht es darum, in Erfahrung zu bringen, was einen Menschen dazu veranlaßt, Werke zu schaffen, die denen der Wirklichkeit in ihren Formen ähnlich sind. Erst nachdem der auch auf der

Seite unten formulierte Arbeitsauftrag von den Schülern erfüllt und an der Tafel festgehalten ist (erster Schritt), wird der Text S. 3 abschnittweise gelesen und im Gespräch erläutert.
Im zweiten Absatz liegt das Gewicht auf der Erkenntnis von Formen und Formzusammenhängen, die – entsprechend den selbst gemachten Beobachtungen – jenseits des Zufälligen liegen und etwas Typisches über den Gegenstand oder das Denken des Künstlers über den Gegenstand aussagen sollen. Weiter unten wird das Formmaterial, das Vokabular des Bildhauers – Wölbungen und Höhlungen, Kanten, Grate und Kerben, die verschiedenen Oberflächen und die Komposition – angesprochen. Es sind mit Absicht die plastischen Grundbegriffe verwendet worden, damit der Schüler sie wie Vokabeln anzuwenden lernt. Es wird gut sein, die Diskussion auf die subjektive Vorliebe des einen oder anderen Künstlers zu begrenzen, will man die Frage von Schülern: „Was ist Kunst – doch nicht dieser Schrott..." umgehen. Also ist es besser, bewußt werden zu lassen, daß es sich – wie bei jedem anderen kreativen Menschen auch – um spezifische Vorlieben handelt, die sich an bestimmten Kriterien unserer wahrnehmbaren oder denkbaren Wirklichkeit entzünden.
Im dritten und vierten Absatz wird dann von den Wirkungen des plastischen Werks gesprochen. Sie steht uns, die wir uns unreflektiert in der ersten Wirklichkeit bewegen und selbst auch zu ihr gehören, fremd gegenüber. Und dieses ist die Chance, zu neuen Einsichten über die erste, uns gewohnte Wirklichkeit zu kommen. Hier erinnert man sich am besten der Tatsache, daß Kunst gegenüber der Natur auch als Zeichen aufgefaßt werden kann, d. h. sie ist immer weniger als die Natur, aber mit dem Weniger wird eine größere Wirkung auf uns erreicht.
Dritter Schritt:
In einem dritten Schritt geht es darum, mit den Schülern zu erarbeiten, was eigentlich geschieht, wenn ein lebendiger Gegenstand, z. B. die Hände, nochmals aus Stein in einem plastischen Zusammenhang geformt werden. Die Schüler versuchen dies in einem dreifachen Vergleich: eigene Hände, fotografierte Hände, gemeißelte Hände. Danach wird die durch die Reduktion der Wirklichkeit auf das Darstellungswürdige erreichte Intensivierung zur Diskussion gestellt, denn es geht ja nicht nur etwas an „Wirklichem" verloren (z. B. das Lebendige) sondern es wird ja auch etwas gewonnen (z. B. Lesbarkeit von Zusammenhängen). Beides ist in einer vergleichenden Betrachtung der beiden Abbildungen erkennbar zu machen: links die zufällig aneinander gelegten Hände mit ihren Rissen und Schwielen, Adern und Runzeln, ohne daß es zu spezifischen Aussagen über die Form solcher Hände käme. Rechts die zu einer Geste von äußerster Zartheit arrangierten Hände aus Stein, in denen der röhrenförmige Bau der Finger, die Wölbungen der Gelenke und die gekerbten Vertiefungen zwischen den Teilkörpern durch eine intensivierende Reduktion des Wirklichen zu einer konzentrierten, sprechenden Aussageform der Thematik „Junges Mädchen" geworden ist.

Anregungen für die Weiterarbeit
Die Weiterarbeit kann sich auf theoretischem oder praktischem Gebiet vollziehen. Die theoretischen Erörterungen übersteigen in der Regel Auffassungsmöglichkeiten und Interesse dieser Altersstufe. Immerhin sei für einen Grundkurs der Oberstufe angeregt, sich Material über den sogenannten Pagone-Streit im 16. Jahrhundert in Florenz zu besorgen. Damals richtete ein ehemals aus Florenz wegen unliebsamer politischer Einstellung Verbannter, der sein Renommée in der Stadt nach seiner Wiederkehr aufbessern wollte, an alle bedeutenden Künstler die Frage, welche der Disziplinen, die Malerei oder die Bildhauerei, in ihren Ergebnissen der Wahrheit am nächsten komme. Die Fragestellung als solche ist uns heute nicht mehr geläufig. Wir wissen, daß jede Kunstäußerung ihre eigenen Vorzüge und Nachteile besitzt. Allein die Argumente, die die einzelnen Maler und Bildhauer zum Beweis ihrer Einstellung aufführen, lohnen das Durch-

arbeiten, weil am Ende eine gute Nomenklatur der Leistungsfähigkeit der Zeichnung, der Malerei und der Bildhauerei steht.
In der praktischen Arbeit lassen sich die einzelnen Behauptungen des Textes nachvollziehen. So ließe sich z. B. mittels des Tonnegativ-Gipspositiv-Verfahrens (S. 16 ff) eine sehr realistische Hand abformen, oder auch eine Gipsnegativform herstellen (S. 14 ff), die dann in Ton positiv vollplastisch ausgedrückt und – in unterschiedliche Haltungen gebogen – gebrannt wird. Um an die notwendigen Abstrahierungen der Wirklichkeit und einen aus der eigenen Erfahrung durchgeführten Vergleich heranzukommen, ließe sich in einem dritten Schritt eine Hand aus Speckstein oder in Reliefform auch in Ytong arbeiten (S. 30/31), die dann alle Bedingungen erfüllt, die bei der Moore'schen Fassung besprochen wurden.
Bedenkt man, daß eine Unterrichtseinheit „Wesenszüge des Plastischen" auch mit diesen praktischen Aufgabenstellungen beginnen könnte (falls die Schüler schon mit Gips und Ton gearbeitet haben), wird nochmals deutlich, daß das hier vorgegebene Textmaterial durchaus frei einsetzbar ist.
In diesem Falle kann es auch nach der praktischen Arbeit zur Reflexion des Vorgehens eingesetzt werden.

Materialien

Zeitungspapier, Kleister, Wasser, Pinsel und Eimer, Quirl, Sieb; Draht und Drahtgeflecht, Drahtschere.

Arbeitsmittel

Schülerarbeitsheft S. 4 und 5.

I. Sachinformationen

Technische Voraussetzungen
Papier ist heute ein Sammelbegriff für eine Vielzahl von speziellen Papiersorten. So braucht z. B. der Künstler recht saugfähige Papiere, wie Bütten- oder Japanpapiere, die aber nur in die Tiefe und nicht, wie das Löschpapier, auch in die Breite Flüssigkeit aufsaugen. Der industrielle Buchdruck, die Verpackungsindustrie, die Landkartenherstellung, der Fotobereich und die Schreibbranche brauchen jeweils andere Papiere mit unterschiedlichen Eigenschaften und Stärken. Die Papierstärke wird in Gramm pro DIN A0 Format angegeben. Ein anderes, grob unterscheidendes Kriterium ist die Saugfähigkeit der Oberfläche. Sie kann durch Leimen, d. h. Einstreichen mit unterschiedlichen Substanzen bis hin zu einem Glanzpapier fast völlig geglättet werden oder, wie bei einem ungeleimten Japanpapier, flauschig-offen und faserig bleiben. Ein drittes Kriterium sind die Papierfaserlängen. Sie bestimmen, ob sich ein Papier leicht (kurzfaserig/Schwemmpapier) oder sehr schwer (langfaserig/Japanpapier) reißen läßt. Das Papier besteht aus Fasern, die aus Hadern oder Holzschliff gewonnen werden. Durch geschicktes Aufbringen auf ein Sieb, durch das das überflüssige Wasser abfließen kann, verfilzen sich die Fasern ineinander und bilden – mit mehr oder weniger Leim versetzt, die Papierfläche. Bei Feuchtigkeit quellen die Fasern wieder auf.
Zeitungspapier ist ein ganz spezielles Papier. Da es heute fast ausschließlich noch im Rotationsdruck verwendet wird, muß es für diesen Zweck in der Laufrichtung der Papierrolle extrem reiß- und ausdehnungssicher und gleichzeitig saugfähig sein. Es kann daher in der Querrichtung sehr schwer und unregelmäßig, in der Laufrichtung dagegen verhältnismäßig leicht und gerade gerissen werden. Die Laufrichtung des Papiers läßt sich durch einen Proberiß am leichtesten ermitteln. Verarbeitbar ist nicht nur neu hergestelltes Papier, sondern auch die bedruckte Zeitung, die sog. Makulatur. Deswegen ist dieses Papier als billiges Arbeitsmaterial in der Schule hervorragend geeignet und beliebt.
Da Zeitungspapier zu den kurzfaserigen und wenig geleimten Papieren zählt, löst es sich in Eimern mit Wasser schnell auf, wenn man die geknüllten, einzelnen Seiten nach ca. 3 Minuten zusammendreht und auswringt. Werden die Fasern dann zerstampft, verlieren sie ihre Bindung , vermischen sich mit zusätzlichem Wasser und bilden einen Papierbrei, der von altersher Papiermaché genannt wird (macher franz.: zerkauen). Um ihn formbar zu machen, muß das restliche Wasser abtropfen (Sieb) und die Masse zusammengedrückt werden (z. B. in einem Tuch). Erst dann wird der Masse das sie bindende Kleisterpulver (Cellulose-Kleister 0,5 % des Massegewichtes nach dem Abtropfen: bei 1000 g Zeitung + 4000 g Wasser = 5000 g Masse + 25 g Kleisterpulver) zugesetzt und ca. 20 Minuten geknetet, um die Kleisterbindung wirksam werden zu lassen. Auch streng nach Vorschrift angemachter Kleister läßt sich zur Masse dazugeben, die dann etwas flüssiger wird, aber nun keine Wartezeit mehr in Anspruch nimmt. Etwa 2000 g trockenes Zeitungspapier ergeben 20 x ca. 80 g Masse, die, faustgroß, in etwa ausreicht, einen Kopf zu modellieren. Da eine fertige Arbeit bis zu 80 % Wasser enthält, das beim Verdunsten die Masse schwinden läßt, legt man diese eher etwas größer an. Durch Einschließen von Pappteilen oder trockener, geknüllter Zeitung kann dieser Prozeß verkürzt, das Trocknen beschleunigt werden. Angetrocknete Stücke lassen sich leicht auftrennen und trockenere Teile mit entsprechendem Kleister auch wieder

zusammenfügen. Papiermaché wurde schon im 18. Jahrhundert neben Porzellan zur Herstellung von Puppenköpfen und anderem Kinderspielzeug genutzt. Manches Mal wurde dem Material auch Kalk oder Zement zugesetzt, um seine Härte zu steigern. Durch Zusatz von mehr Leim gewinnt der Papierbrei eine höhere Bildsamkeit und wird härter. Ganz auf ihn läßt sich nicht verzichten, da er für die Bindung der Fasern notwendig ist. Im trockenen Zustand ist Papiermaché sehr leicht und dennoch recht haltbar, fast unzerbrechlich und mit allen Farbarten hervorragend bemalbar.
Der Papierbrei besitzt einige ganz wesentliche Vorteile gegenüber dem Material Ton. Ton hinterläßt so oder so auf der Arbeitsplatte wie an den Händen Spuren; nach dem Trocknen bricht Ton sehr leicht – um haltbar zu werden, muß er noch in einem Ofen gebrannt werden. Nach dem Brennen bleibt eine Tonarbeit recht „gewichtig", selbst dann, wenn sie sorgfältig ausgehöhlt wurde, was in der Papiermachéarbeit nicht notwendig ist. So ergeben sich in Schulen, die über keine geeigneten Werkräume und eine entsprechende technische Ausstattung für die Tonverarbeitung verfügen, mancherlei Schwierigkeiten, die bei der Verwendung von Papiermaché umgangen werden können. In der Abbildequalität und der Modellierbarkeit ist der Ton allerdings dem noch so gut zerkleinerten Papierbrei weit überlegen, weswegen Papiermaché sich auch für Feinarbeiten (z. B. Schmuck) nicht gut eignet.

Gestaltungsmöglichkeiten
Bei der Arbeit mit Papier sollten grundsätzlich zwei Gestaltungsmöglichkeiten unterschieden werden, für die je eine getrennte Unterrichtseinheit anzusetzen wäre:
a) Plastisches Arbeiten mit Papiermaché
b) Herstellen von Großplastiken mittels Kaschieren über Drahtgerüsten, bzw. Kernformen

Das Arbeiten mit Papiermaché
Das Arbeiten mit Papiermasse gehört in die Großgruppe der plastischen Techniken, obwohl sich hart gewordenes Papiermaché auch mit scharfen Messern schnitzen läßt. Die handwerkliche Vorgehensweise ist das Modellieren, d. h. es wird Material um einen Kern angetragen. Prinzipiell ist daher diese Technik auch durch eine andere ersetzbar, wie z. B. das Arbeiten mit Ton. Für die Schüler ist daher zu beachten, daß sich Papierbrei in der Regel wirklich nur gut anfügen, aber weniger gut wegdrücken läßt: So lernen die Schüler von Anbeginn an, durch Antragen von Masse nicht nur positive Volumen zu gestalten, sondern dabei auch negative Höhlungen entstehen zu lassen. Dies ist für charakteristische Puppenköpfe von großer Wichtigkeit: die Augenhöhlen des Todes, die Pausbacken des Kaspers, die Hakennase der Hexe lassen sich nicht durch Drücken und Quetschen formen, sondern nur durch modellierendes Antragen. Wichtig beim Modellieren ist, die Form durch wiederholtes Antragen von kleinen Materialteilchen langsam wachsen zu lassen und nicht – wie dies Jugendliche hin und wieder gerne tun – aus einem Stück zu quetschen. Hin und wieder reicht die Haftfähigkeit des Maché nicht aus, um eine ganzflächige Oberflächenbindung der Teilchen zu erreichen. Dann nimmt man etwas Leim zusätzlich auf die Oberfläche der Form und streicht oder schlägt mit einem metallenen Gegenstand (Messerklinge, Modellierspachtel oder Löffel) die Oberfläche glatt. Auf diese Weise kann man bei halbgehärtetem Formmaterial mit genügend Geduld zu gänzlich glatten Oberflächen kommen.
Die Herstellung der Hände verläuft prinzipiell gleich. Man sollte sich aber eines gebogenen Drahtgestells bedienen, das die Finger und die Handfläche vorformt, bevor um diese Stützen der Papierbrei angetragen wird. Auch hier müssen sowohl Löcher für die Spielfinger z. B. durch Einfügen eines Pappröhrchens gelassen werden als auch ein ringförmiger Wulst, der die Kleider halten kann.

Das Arbeiten im Kaschierverfahren
Will man über handgroße Plastiken im Bereich des Materials Papier hinauskom-

men, bietet sich das Verfahren des Kaschierens an. Dabei werden über einen Kern Zeitungen geklebt, die vorher mit Leim bestrichen worden sind. Auf diese Weise erhält man großflächige, hohle und daher sehr leichte Formen, die – nachträglich bemalt – aufgestellt und aufgehängt werden können. Es bieten sich zwei Wege an: der eine geht von einer Kernform aus, die vorher aus Maschendraht gebogen wird und danach außen beklebt wird. Der andere setzt das Modellieren einer Kernform z. B. aus Ton voraus, über die dann Schichten von Zeitungspapierstreifen geklebt werden, um zu plastischen Formen, z. B. einer Maske, zu kommen.
Im ersten Fall wird nicht zu feinmaschiges Drahtgeflecht geschnitten, gebogen und so aneinandergefügt, daß große Volumen entstehen. Das Ganze ist im Zustand des Entstehens eine oft wackelige Geschichte, doch wird die Drahtform schon in sich haltbarer, wenn sie geschlossen wird. Dann lassen sich auch problemlos Tiefen und Höhlungen eindrücken oder begrenzt auch Buckelungen heraustreiben, wobei die Gesamtform „stehen bleibt". Dies ist bei ungeschlossenen Formen nicht der Fall. Oft müssen die Teile – vor allem, wenn sie weit ausladend sind – mit stärkerem Eisendraht gefestigt werden. Hilfreich ist es, bei sehr großen und ausladenden Figuren ein Lattengerüst einzubinden, das die Spannung der Formen erhält. Danach werden Zeitungen mit Leim oder Kleister so bestrichen, als wolle man tapezieren, d. h. der Kleber soll Zeit haben, in das Papier einzuziehen, weil es sich dehnen muß. Beim Trocknen zieht es sich dann wieder zusammen und nivelliert alle unnötigen Falten. Am besten streicht man gleich mehrere Bögen Zeitungspapier ein und legt sie übereinander, dann trocknet der Leim nicht aus. Danach zieht man die Bögen wieder vom Stapel ab und bringt sie auf das Drahtgestell auf. Dort, wo es komplizierte Formen – z. B. Negativbuchtungen – gibt, muß das Zeitungspapier kleiner gerissen und in Fetzen aufgebracht werden. Löst sich bei der ersten oder zweiten Schicht die Zeitung immer wieder vom Drahtgeflecht ab, wird auch von innen Papier gegengeklebt und darauf geachtet, daß die beleimten Papierflächen den Draht in sich einschließen. Nach Aufbringen der ersten und zweiten Schicht läßt man das Ganze etwas antrocknen, bevor weitergearbeitet wird. Bei 5 bis 8 Schichten besteht die beste Relation zwischen Haltbarkeit und Gewicht.
Jedem ist deutlich, daß sich in dieser Technik keine plastischen Feinheiten formen lassen. Doch liegt der Reiz dieses Verfahrens eher in einem großzügigen Arbeiten, das sich vom Naturvorbild löst und eigenständige Lösungen findet. Jedenfalls ist das Arbeiten in diesen ungewohnten Dimensionen für Schüler der 8. bis 10. Klasse ein Riesenspaß.
Der zweite Weg über eine Kernform bezweckt das genaue Gegenteil: Ist eine Tonpositivform z. B. eines Gesichtes modelliert, so verführt schon das Arbeiten in Ton zu einer feinen und differenzierten Ausgestaltung. Man versucht dann, ihr mittels der Papierschichten zu folgen, indem man möglichst kleine Fetzen ansetzt. Die erste Schicht sollte nicht mit Leim in Berührung kommen, da sie ja auf der Kernform nicht aufkleben soll! Beim Auftragen mehrerer Schichten kann auch mit der modellierenden Hand nachgeholfen werden, um z. B. schärfere Grenzen beim Mund zu erhalten. Die Schichten lassen sich leicht „hochnehmen" und zu Graten bilden. Es ist gut, wenn zwischen feuchtem Tonmodell und den nassen Zeitungsschnipseln isoliert wird, was man am besten mit einer Schellacklösung oder Klarlack bewerkstelligt. Um die Orientierung beim Auftrag der Schichten zu behalten, ist es praktisch, mit verschiedenfarbigen Papieren pro Schicht zu arbeiten. Es lassen sich übrigens nicht nur Reliefs auf diese Methode herstellen. Rundumplastiken läßt man nach dem Aufbringen der Papierschichten trocknen und schneidet die Form dann mit einer Feinsäge auf, um den Tonkern zu entfernen. Oft wird in der Grundschule ein Verfahren angewendet, das als Kern einen aufgeblasenen Luftballon benutzt, aus dem am Schluß die Luft herausgelassen wird!

Gegen dieses Verfahren ist nur einzuwenden, daß die Kugelform sich ziemlich prägnant durchsetzt und die Originalität der Formfindung stark beeinflußt wird.

II. Anmerkungen...

... zu den Aufgaben S. 4

Die Aufgabe im Bereich der Papiermachéarbeiten auszuführen, dürfte prinzipiell keine Schwierigkeiten mehr bereiten, wenn wie oben ausgeführt bei der Kopfmodellierung verfahren wird. Zusätzliche Anregungen im Methodischen (s. S. 38 ff, LH) stehen beim Thema „Kopfplastik".

Die erste Aufgabe im Bereich der Großplastiken setzt voraus, daß es einen Anlaß für ihre Aufstellung gibt. Der Anlaß kann auch ein rein ästhetischer sein. Bei der Diskussion um die geeigneten Aufstellungsorte können den Schülern Aspekte der Aufstellung von Plastiken an diesem Beispiel prinzipiell klar werden: im freien Raum allansichtig, vor einer Wandfläche mehransichtig, in einer Nische einansichtig – mit Streiflicht oder Oberlicht die Plastizität fördernd, mit Gegenlicht z. B. vor einem Fenster im Treppenhaus die Plastizität negierend, usw. Auf diese Weise ließen sich schließlich die Bedingungen der Aufstellung auch verinhaltlichen, denn nicht immer verträgt eine Plastik Helligkeit oder Dunkelheit – man muß schon wissen, was man mit dieser oder jener Aufstellung bewirken will – und das ist von den von Schülern gewählten Inhalten abhängig.

Die zweite Aufgabe ist solange problemlos zu bewältigen, solange es sich um ein Ensemble von Einzelfiguren zu einem übergeordneten Themenbereich handelt.

Anders und schwieriger wird es, wenn es sich um eine echte Gemeinschaftsarbeit handelt, d. h. jeder einen Teil zum Ganzen dazufügen soll, das erst durch die Rücksichtnahme des einen auf den anderen zu dem wird, was es inhaltlich sein soll. Die Abstimmung ist oft schwierig, weil jeder der Schüler glaubt, mit seinem gezeichneten Gesamtentwurf das Ei des Kolumbus gefunden zu haben.

... zum Bildmaterial S. 5

Das Bildbeispiel (Abb. 5.1) zeigt eine Drahtgeflechtarbeit der französisch-schweizerischen Künstlerin Niki de Saint Phalle, die nicht mit Zeitungspapier, sondern mit Leinwand überzogen wurde. Solche großen Figuren hat Niki de Saint Phalle in den frühen 60er Jahren hergestellt, in denen Sie auf die Pop-art-Bewegung, die, aus den USA und England kommend, zuerst in Paris Fuß gefaßt hatte, reagierte. Sie war ihr ein willkommener Anlaß, auf diese Weise die traditionellen Kunstanschauungen der europäisch-klassischen Moderne (Kubismus, Expressionismus, Surrealismus) unterlaufen zu können. Über sich selbst hat sie einmal (1986) im Stil eines Kunstkritikers geschrieben:

Die meisten Plastiken Nikis haben etwas Zeitloses, sind Erinnerungen an alte Kulturen und Träume. Ihr Werk und ihr Leben sind wie ein Märchen: voller Abenteuer, böser Drachen, versteckter Schätze, voller menschenfressender Mütter und Hexen. Paradiesvögel kommen darin ebenso vor wie gute Mütter, Ahnungen des Himmels ebenso wie der Abstieg zur Hölle. (...) Durch alle Zeiten und Kulturen hindurch sind Mythen und Symbole periodisch wiedergefunden und neu erschaffen worden. Niki zeigt uns auf ihre ganz moderne Art, daß diese Mythen und Symbole noch immer lebendig sind. (...) Ich sehe Niki als eine verschlingende Mutter, die sich die verschiedensten Einflüsse einverleibt hat: von Giotto, der frühsienesischen Malerei oder dem Zöllner Rousseau, mexikanische und indische Tempel bis hin zu Bosch und Picasso. All das wurde aufgegessen und verdaut – das Kind, das aus diesem Festmahl geboren wurde, ist und bleibt eine Niki.

Und in einem Postscriptum:

PS 3 Dies alles ist Niki bei dem Versuch Kunstkritik zu betreiben. Das eigentliche werdet ihr hier nicht finden: das Geheimnis bleibt.

(Niki de Saint Phalle, hrsg. von Carla Schulz-Hoffmann München 1987, S. 39 und 41)

Das Lebenswerk der Bildhauerin weist viele mehr oder weniger unförmige, manches Mal lustige, manches Mal auch bedrohlich dreinschauende Figuren auf, die die Lust fördern, es ihr gleich zu tun. Die Künstlerin wechselte schnell von ersten Papierfiguren über die sogenannten Schießfiguren zu Gips- und Polyesterfiguren, die aber alle über einer Drahtform modelliert wurden. Schließlich brachte sie genügend Geld auf, sich selbst eine Phantasiewelt zu errichten (Garten des Tarot, Italien), deren verborgene Ernsthaftigkeit der symbolischen Formen und Farben sie durch eine vorausgegangene, intensive Beschäftigung mit den Zeichen des Tarot-Kartenspiels und deren vielschichtigen Bedeutungszusammenhängen beweist. Das unbedachte Arbeiten mit Polyester hat der Künstlerin gesundheitlich schwer geschadet – um den Preis, ihre Plastiken auch im Außenraum aufstellen zu können. Die Nanas in Hannover und die 16 Figuren des Strawinsky-Brunnens in Paris, Centre Pompidou, sind nur zwei Beispiele. Die Brunnenfiguren spielen teilweise direkt auf Figuren in der Musik von Strawinsky an. Die oft humorvoll-ironisierenden Bewegungsabläufe hat Jean Tinguely eingebracht, der zeitweise ihr Lebensgefährte war (vgl. auch Anmerkungen zur S. 20, Abb. 20). Die Künstlerin wählte nicht nur phantasievolle Formen, sondern erfand auch ornamental-zeichenhafte Bemalungen in oft leuchtendfröhlichen Farben, die das Märchenhafte dieser Werke noch hervorheben. Das Überschreiten der menschlichen Größe ist in dieser Technik auch in der Schule erreichbar und hat seinen besonderen Reiz, wie die Aufnahme mit ihren beiden damaligen Mitarbeitern andeutet.

... zu den Aufgaben S. 5
Die erste Aufgabe wäre erfüllt, wenn die Schritte: Ideenskizze; Drahtgeflecht biegen; Teile wie z. B. Beine für sich herstellen und ansetzen; Überziehen des Gestells mit Leinwand/Papier; Bemalen der Figur aufgezählt werden können.

Die Antwort auf die zweite Frage müßte lauten: sie will einen märchenhaften, unwirklichen Eindruck erwecken, der durch die Mißproportionierung von übergroßem Körper und sehr kleinem Kopf auch etwas Furchterregendes haben kann.

Die dritte Aufgabe soll die Schüler zu eigenen Ideen des Anmalens anregen: nicht alles, was dieser Figur eigen ist, ist auch plastisch ausgedrückt: daß die Figur bekleidet ist, daß sie Schuhe anhat, daß der Kleiderstoff ulkig mit Herzen und Ornamenten bunt gemustert ist, das alles vermag die Bemalung mitzuteilen. Deswegen ist auch für die eigenen Arbeiten Phantasie angesagt – und die Entscheidungsfähigkeit, was plastisch und was gemalt dargestellt werden soll.

... zur psychologischen Situation
Das Arbeiten mit Papiermaché macht schon den Kindern in der Grundschule ab der zweiten Klasse keinerlei Schwierigkeiten und wird noch von Eltern, die die stereotyp gepreßten Kasperleköpfe der Kaufhäuser verschmähen, im Erwachsenenalter gepflegt. So bringt weder diese, noch die Technik des Kaschierens über Drahtgeflechten Schwierigkeiten mit sich. Sie sollte aber doch besser erst ab der 8. Klasse eingeführt werden, da Draht hin und wieder für Grundschüler ein zu sperriger Werkstoff ist und überdies die Größenbetonung der Figuren in der Grundschule noch nicht ganz so wirksam werden kann wie hier.

III. Unterrichtsvorschläge

Anmerkungen zur Abfolge der Unterrichtsschritte

Erster Schritt

Die Schüler werden aufgefordert, die ersten vier Abschnitte des Textes auf S. 4 zu lesen. Die im Text angesprochenen Eigenschaften von Papier können direkt in Erfahrungen umgesetzt werden: es wird Heftpapier, Zeitungspapier, Zeichenpapier und Butterbrotpapier gerissen, geknüllt und gewässert. An der Tafel wird das Verhalten der Papiere aufgelistet. Auf diese Weise bestätigt sich, was im Heft steht: Zeitungspapier ist schmiegsam, nimmt leicht Wasser auf und wird schnell zu einem formbaren Brei.

Zweiter Schritt

Die folgenden zwei Abschnitte im Text S. 4 werden gelesen und danach das Projekt

„Handpuppen“ diskutiert. Nächster Schritt ist die Herstellung von Papiermaché, das sich in kühlen Räumen längere Zeit gut aufbewahren läßt. Je feiner die Schnitzel gerissen sind, desto schneller vollzieht sich der Auflösungsprozeß des Flächenverbunds. Es muß aber in der Regel immer mit einem Werkzeug beim Zerkleinern, bzw. dem Verbreien der Masse nachgeholfen werden. Hierzu sind – besonders im Sommer auf dem Schulhof – einfache, gerade abgeschnittene Knüppel und Balkenstücke geeignet, was großen Spaß macht, wenn diese rhythmisch bewegt werden und dazu ein Gesang angestimmt wird – wie in afrikanischen Kulturen. Sonst läßt sich auch ein Rührgerät, ein großer Schneebesen oder ein (Gips)Quirl verwenden, der an eine elektrische Handbohrmaschine angeschlossen werden kann. Da die Masse dann durch ein improvisiertes Sieb (Nylonstrumpf oder ähnliches) gegossen und noch zusätzlich ausgedrückt werden muß, damit die Masse nicht zuviel Feuchtigkeit enthält, kommt man grundsätzlich nicht mit einem Gefäß aus. Es sind schon mindestens zwei Eimer pro Gruppe notwendig.

Dritter Schritt

Bevor mit dem Modellieren von Köpfen begonnen wird, sollte das Ziel der Arbeit, eine Aufführung, erörtert werden. Ein solches Vorhaben hat nur Sinn, wenn schließlich auch ein kurzer Sketch mit den Puppen, z. B. beim nächsten Elternabend, gespielt wird. Der Inhalt des Stücks und die handelnden Personen wiederum geben die Themen für die einzelnen Köpfe her. Ist die Lust, ein Stück auch aufzuführen, nicht sonderlich groß, kann man auf das Thema Charakterköpfe, Karikaturen oder auch Berufsvertreter umsatteln und eine Ausstellung organisieren.

Vierter Schritt

Die praktische Arbeit beginnt entlang dem Text und den vier Zeichnungen im Arbeitsheft.

Über einem Holzstab oder einer Pappröhre wird der Kern des Kopfes und des Halses aus geknülltem Zeitungspapier geformt und eine erste Schicht Papierbrei rundum aufgetragen. Der Papierkern läßt Material sparen und beschleunigt den Trockenvorgang, da er Feuchtigkeit aufsaugt. Wenn dieses Papier leicht angefeuchtet wird, läßt es sich leichter formen. Das Festbinden des Kernpapiers funktioniert besser mit Fäden als mit Draht, der sich hin und wieder allzufest in die Papiermasse einbettet. Beim Auswählen des Stocks, der – nach dem Trocknen entfernt – das Loch für den Spielfinger ergibt, sollte darauf geachtet werden, daß es keine konisch dicker werdenden Äste sind, die nach innen weisend verwendet werden. Auch hervorstehende Ausbuchtungen und Zweigansätze erschweren hernach das Herausziehen des Stockes.

Es kann vorkommen, daß die erste Schicht der Kopfplastik beim Auftragen teilweise wieder abfällt. Dafür gibt es vielfältige Gründe: die Masse ist zu naß oder zu trokken. Das Bestreichen des Zeitungsknäuels mit Leim oder Kleister kann hier Abhilfe schaffen. Auf jeden Fall sollte mit halb senkrecht stehendem, umwickeltem Stab erst einmal eine vollständige, rund um die Zeitungen deckende Schale, einschließlich des Halsansatzes, angetragen werden. Ist sie geschlossen, hält sie meist von selbst.

Fünfter Schritt

In einem weiteren Arbeitsgang wird die Größe des Kopfes und der Gesichtsteile durch Antragen von Masse bestimmt und der Hals ausmodelliert. Er muß in einem ringförmigen Wulst enden, der später die Kleider zu halten hat.

Sechster Schritt

Nach einem ersten Antrockungsprozeß werden mit Papiermasse, der etwas mehr Leim zugegeben ist, die Einzelheiten der Gesichtsmaske wie Kinn, Mund, Lippen, Nase, Augenbrauen und Stirn entsprechend der Abbildung 12.5 in charakteristischer Übertreibung und eigenartiger Proportionierung aufgetragen.

Das Antrocknen der Masse zwischen erstem und zweitem Auftrag ist sehr wichtig, da bei zu viel Auftrag und Formdrücken ohne Zwischentrocknen oft ganze Teile der überall noch weichen Masse wieder abfallen.

Anmerkungen zur Unterrichtsorganisation

Die Papiertechniken lassen sich problemlos im Klassenzimmer durchführen, denn Papier und Kleister sind „saubere" Materialien, weil sie so gut wie keine Spuren im Klassenzimmer hinterlassen. Auch ein direkter Wasseranschluß ist nicht unbedingt vonnöten. Es werden Gruppen von drei bis vier Schülern gebildet, die jeweils um einen Eimer herum Papier einweichen und zerstampfen. Von Vorteil ist es, den Kleister schon vorher in einem großen Schraubdeckelglas anzurühren. Unter Luftabschluß ist er lange Zeit haltbar.

Da jeder Schüler an seinem Platz arbeiten kann und auch die Mitnahme von Breimaterial an den Arbeitsplatz keine Schwierigkeiten macht, sind keine besonderen organisatorischen Maßnahmen zu beachten.

Wer Erfahrung hat, teilt seinen Unterricht so ein, daß die Schüler am Ende der ersten Doppelstunde bis zur ersten Umhüllung und Gestaltung der Grundform gekommen sind und gibt dieses als Arbeitsziel auch an. Die Schüler sollten stets eine Plastiktüte mitbringen, da bei offener Lagerung über eine Woche der Trockenprozeß schon so weit fortgeschritten sein könnte, daß Formveränderungen nicht mehr möglich sind. Das Antragen an Trockenmasse macht allerdings kaum Probleme, wenn man vorher ein wenig Leim an die Fuge trägt.

Anregungen für die Weiterarbeit

1. Papiermachéplastiken

Mit Papierbrei lassen sich nicht nur Puppenköpfe herstellen. Schon in der Grundschule ist es möglich, auch ornamentale Übungen, kleine Gefäße und ähnliches aus diesem Material drücken und formen zu lassen. In den höheren Klassen ist es möglich, größere Plastiken zu formen, z. B. auch Tiere oder Kakteen, wobei nachträglich Nägel als Stacheln eingedrückt werden. Auch kann das Prinzip von Preß- und Modelverfahren mit Papierbrei ausgeführt werden.

So könnten z. B. Gipsnegativformen von irgendeinem beweglichen Gegenstand (z. B. einer Maske, einem Hut) abgenommen und mittels Papierbrei zwischen den beiden Formen nachgepreßt werden. Das Wasser wird von den trockenen Gipsnegativformen aufgenommen, so daß sich das Pappositiv bald der Form entnehmen läßt.

Noch einfacher und vielfältiger arbeitet man mit einer Modelform. Zu diesem Zweck schneidet man eine Negativform z. B. eines Tieres in Gips und drückt in diese Form nach und nach Papierbrei ein. Nach der Trockenzeit lassen sich die Modelformen abnehmen. Will man vollplastische Werke, so müssen die Teilungsränder der Modelform paßgenau sein und beim Eindrücken des Breis sauber gehalten werden. Nach dem Herausnehmen lassen sich die beiden Teilformen verleimen, Ungenauigkeiten leicht verarbeiten. Der Vorteil dieser Arbeitsweise liegt in der Reproduzierbarkeit der Form in Papiermaché. Auf diese Weise können sehr ansprechende Gemeinschaftsarbeiten entstehen, bei denen es – wie beim Zoo oder anderen Naturszenen – auch auf die Menge der Gegenstände ankommt. Letztlich lassen sich auf diese Weise originelle Krippenfiguren herstellen und anschließend bemalen.

2. Drahtplastiken

Auch der Bereich der kaschierten Plastiken läßt sich erweitern, indem man z. B. auf das Material Papier fast ganz verzichtet und statt dessen mit Gips oder Beton arbeitet. Besonders ein festbreiig angerührter Beton (Tonerdeschmelzzement) läßt sich über drahtgebogene, eher kleinmaschige Kernformen tragen. Auf diese Weise wird die Wetterabhängigkeit der Papierplastik umgangen und es lassen sich alle möglichen „Untiere" im Schulgartenbereich aufstellen. Wer zu monströsen Gestaltungen kommen will, kann auch mehr oder weniger prall aufgeblasene Luftballons unterlegen. Ihr Nachteil ist, daß sie nicht saugend sind, die Masse also schwerer hält und anfangs – auch mit Zwischentrockenzeiten – sehr dünn aufgetragen werden muß; ihr Vorteil, daß man schon über die verschieden gearteten Luftballons zu eigentümlichen Formen gelangen kann.

Allerdings läßt sich bei diesem Verfahren ein Stock für eventuelle Fingerlöcher schwerer befestigen. Nimmt man hierfür stärkere Holzdübel (ca. 15 cm), so lassen sich solche Plastiken, die der einzelne Schüler angefertigt hat, auch zu größeren Gebilden zusammenstecken und z. B. als Totempfähle vor der Türe zum Sekretariat oder der Pausenhalle einer Schule aufstellen.

MATERIAL TON (AH S. 6/7)

Materialien

Verschiedene Tone, Wasser, Plastiktüte, Holzunterlage.

Arbeitsmittel

Modellierholz, Drahtschlinge, Tonschlaufe.

I. Sachinformationen

Ton ist für plastisches Arbeiten das älteste und beste Material, das sich in der Natur findet. Doch hat die Masse einige Eigenheiten, die bei der Verarbeitung mitbedacht sein müssen, will man nicht Enttäuschungen erleiden. Deswegen werden hier zunächst notwendige technische Erklärungen gegeben, die der Lehrer unbedingt wissen sollte, um den Überblick zu haben. Dem Schüler sollten diese Fakten nur bei Bedarf und stets auf ein Problem bezogen mitgeteilt werden. Es ist jedenfalls in dieser Altersstufe zu vermeiden, der praktischen Arbeit eine Art „Materiallehre" vorzuschalten. Der Text S. 6 zeigt, was auch der Schüler unbedingt wissen sollte, wobei durchaus offen bleibt, wann er dieses Wissen bekommt.

Technische Voraussetzungen
Das Werkzeug
Wendet man einige wenige Vorsichtsmaßregeln an, so ist Tonarbeiten auch als Klassenzimmertechnik zu bezeichnen. Zur Grundausstattung gehört als erstes eine saugfähige Unterlage, die schon durch eine Lage Zeitung gegeben sein kann, besser aber mit unbehandelten Holz- oder Holzfaserplatten gewährleistet wird. Die herkömmlichen kunststoffbeschichteten Tische sind jedoch für Tonarbeiten unbrauchbar. Mit der Arbeitsplatte hat man zwei Fliegen mit einer Klappe geschlagen: Der Ton läßt sich darauf einwandfrei verarbeiten und transportieren, Verarbeitungsspuren bleiben auf diese Platte beschränkt. Seitdem Ton in Zehn-Kilo-Barren, in Kunststoffolie verpackt, bereits durchgearbeitet und selbst für Dreharbeiten blasenfrei aufbereitet, billig zu bekommen ist, gibt es bei der Verarbeitung und beim Lagern keine Probleme. Der Schüler sollte lediglich aufgefordert werden, seine Tonreste auf einer Plastikfolie (Einkaufstüte etc.) zu sammeln und nie einzelne Krümel herumliegen zu lassen, weil diese schnell hart werden (feuchter Lappen). Eine weitere Verwendung ist dann nur möglich, wenn der Ton wieder aufbereitet, d. h. gefeuchtet, wieder weich geworden und danach durchgeknetet worden ist. Deswegen sollten überall da, wo Tonarbeit in das Unterrichtsprogramm einer Schule integriert ist, mindestens zwei Tonkisten vorhanden sein, die luftdicht abgeschlossen werden können. In einem Gefäß wird der frische, unverarbeitete Ton gelagert, in dem anderen werden die Reste, feucht zugedeckt, aufbewahrt. Ton, der doch einmal auf die Erde fällt, kann nach dem Trocknen einfach weggefegt werden. In hartnäckigen Fällen hilft ein alter Druckspachtel nach. Damit ist fast alles, was gebraucht wird, benannt.
Eine Drahtschlinge zum Tonschneiden läßt sich einfach aus Blumendraht herstellen, Modellierhölzer sind für den größten Teil der Schülerarbeit nicht notwendig, Tonschlingen können helfen, voll gearbeitete Stücke besser auszuhöhlen – notwendig sind sie nicht. Dort, wo Großplastiken in Aufbautechnik hergestellt werden, kann eine Tonkratze von Nutzen sein – sie kann aber auch durch die Kante eines kurzen Holzklotzes oder Brettchens ersetzt werden. So ist das Arbeiten in Ton eine vom Werkzeug her gesehen sehr anspruchslose Technik – eben eine Urtechnik des Menschen, die den Gebrauch der Hände als Werkzeuge voraussetzt und zu direktem Materialkontakt führt, der in unserem sterilen Medienzeitalter notwendig für die Psyche der Heranwachsenden ist.

Das Material
Im Text S. 6 werden die Vorteile des Materials Ton nicht besonders herausgehoben. Sie bestehen – die rechte Wahl einer der vielen Tonsorten vorausgesetzt – in einer außerordentlich hohen Bildsamkeit der Masse, die sich nicht nur auf die Modellierfähigkeit,

sondern erst recht auf die Abdrückmöglichkeiten und Wiedergabegenauigkeit von Oberflächen bezieht. Noch heute benutzen daher Archäologen und Paläontologen (Fachleute für Versteinerungen) dieses Material, um möglichst genaue Abdrücke von Erdfunden herzustellen. Außerdem hat Ton die Eigenschaft, leicht aneinanderzuhaften, was zum sogenannten Applizieren von Einzelteilen an einen Grundkörper geradezu herausfordert.
Der Ton hat eine sehr komplizierte, je nach Fundort auch unterschiedliche Zusammensetzung. Für das Arbeiten in Ton ist es wichtig, nach den organischen und mineralischen Anteilen der Verwitterungsmasse und ihren Oxydbeimengungen zu fragen. Die Anteile an organischen Verwitterungsprodukten bestimmen, wieviel Wasser ein Ton aufnehmen kann. Tone, die nur wenig Wasser aufnehmen können (ca. 25 bis 30 % Masseanteil), haben einen hohen mineralischen Anteil und wenig organische Stoffe. Man nennt sie auch „kurze Tone". Sie reißen sehr schnell und sind wenig modellierfähig, was sich für die Schule nachteilig auswirken kann. Auch das Einkneten von Wasser hilft da nicht viel, da der Ton als Masse eben nur wenig Wasser aufnehmen kann. Hat ein Ton wenig mineralische Anteile und hohe organische, so kann er bis zu 60 % Masseanteile Wasser aufnehmen und wird als „langer Ton" bezeichnet. Dieser Ton ist extrem bildsam, weswegen er auch von den Plastikern bevorzugt verwendet wird, nur findet man ihn nicht so häufig wie die kurzen Tone, weswegen im Handel tendenziell eher kurze Tone zum Verkauf kommen. An sich lassen sich in den großen Tonhandlungen alle Tonsorten beschaffen – in der Regel wird man aber auf die in der Umgebung vorhanden Tongruben im Besitz der örtlichen Bastelgeschäfte angewiesen sein. Über die Färbung nach dem Brennen entscheidet der Gehalt an Oxyden. Ist reichlich Eisenoxyd eingeschlossen, wird der Ton hell- bis dunkelrot und oft „Terracotta" genannt, was aber nur so viel wie „gebrannte Erde" heißt. Manganoxydbeimischungen lassen den Ton dunkelbraun bis schwarz werden – andere Oxyde färben ihn in fast allen Braun/Rot/Gelbnuancen zwischen Weiß (Kaolin) und schwarzbraun. Sogar grünen Ton gibt es, jedoch keine Blaufärbungen. Ton- und Scherbenfarbe sind dabei nicht identisch. Verschiedenfarbige Tone können ohne weiteres gemischt verarbeitet werden. Sie stellen gewissermaßen eine grobe Variante der Engoben dar, das sind Tonschlemmen farbiger Tone, die direkt auf den noch nicht ganz trockenen Scherben aufgetragen werden können und farbig aufbrennen. Sie dienten lange Zeit als Glasurersatz.
Im Handel werden nur fette und magere Tone im Angebot unterschieden. Der fette Ton fühlt sich glitschig an und ist reine Tonmasse. Bei magerem Ton ist der Tonsubstanz mehr oder weniger feine oder grobkörnige Schamotte zugesetzt worden, was als Körnungsgröße angegeben wird (0,2 bis 0,5 mm sind die Korngrößen, die für die Schule geeignet sind). Das Mengenverhältnis zwischen Schamotte und Tonmasse wird in Prozent angegeben. Ein 20 bis 30 % Schamotte versetzter Ton ist für die schulische Aufbauarbeit hervorragend geeignet. Es gibt allerding auch Tone, die – wie bei der Tonplattenherstellung – bis zu 60 % mit Schamotte versetzt worden sind. Dabei läßt natürlich die Bildsamkeit des Tons erheblich nach. Schamotte ist nichts anderes als fein gemahlener, gebrannter Ton. Dieser Zusatz macht den Ton weniger empfindlich für das Verziehen und Reißen beim Trockenprozeß und hält den Scherben bedingt luftdurchlässig, was sich beim Brennen auszahlt – nicht jede Luftblase treibt dann gleich die Arbeit auseinander. Man sollte beide Tonsorten getrennt lagern und verarbeiten.

Die Aufbewahrung

Wer in seiner Schule Tonarbeit nur sporadisch einschiebt, braucht sich um eine fachgerechte Lagerung nicht zu mühen, seit es die in Kunststofftüten verpackten 10-kg-Barren zu kaufen gibt. Sie lassen sich bis zu einem halben Jahr lagern, ohne daß sie austrocknen, vorausgesetzt, die Tüte ist nicht beschädigt. Wer allerdings Tonarbeit in seinen

Unterricht als festen Bestandteil integriert und sie in großem Stil betreibt, der sollte Modellierton (auch mit Gips vermischten Ton, der sich nicht zum Brennen eignet – siehe z. B. den Abschnitt Tonnegativ-Gipspositivrelief, S. 16 f.) vom Brennton getrennt in luftdichten Gefäßen (sog. Tonkisten) aufbewahren. Weil Ton zu den saubersten und empfindlichsten Arbeitsmaterialien gehört, muß er auch sauber aufbewahrt werden, d. h. vor allem vor Gipsbeimischungen, aber auch anderen Verunreinigungen, die nicht aufbrennen, geschützt werden, falls er als Brennton verwendet werden soll. Alle organischen Beimengungen schaden meist nicht: Zeitungs- und Stoffteile brennen einfach weg. Ob man dann je zwei Gefäße, das eine für den frischen, das andere für den verarbeiteten Ton anschafft, hängt nicht zuletzt von den räumlichen Bedingungen ab. Sonst muß in der einen Tonkiste „Ordnung" herrschen, in die auch Schüler eingeführt werden müssen: gebrauchter Ton kommt in die eine, der ungebrauchte lagert in der anderen Ecke der Tonkiste und wird mit Plastik vor dem gebrauchten geschützt. Je länger feuchter Ton liegt, desto besser wird er, doch sollte er vor dem Verarbeiten immer durchgeschlagen oder -geknetet werden, um wieder gebrauchsfertig zu sein.

Die Arbeit mit Ton

Oft haftet Ton das „Image" des unsauberen Materials an, das in privaten Räumen und Schulen nichts zu suchen hat. Diese Fehlinformation hat sich die Industrie zu Nutze gemacht und eine Unmenge Ersatzmaterialien angeboten, um das Naturmaterial zu umgehen. In manchen Fällen kann dies sehr sinnvoll sein, z. B. wenn aus technischen Gründen der Schwindungsprozeß des Tons umgangen und nur ein Modell gearbeitet werden, oder das Material ohne Brennen haltbar sein soll. Keines dieser Materialien, die meist auf Holz- oder Papierbasis hergestellt sind, vereinigt in sich aber alle positiven Formeigenschaften des Tons und hält, was versprochen wird: grundsätzlich besser als das Naturmaterial zu sein.

Die im Text S. 6 verdeutlichten Formprozesse des Drückens, Stauchens und Biegens, des Aneinandersetzens beim Modellieren und Applizieren, des Drehens und Gießens von Ton entsprechen den Hauptbearbeitungsmöglichkeiten der weichen Tonmasse. Drehen und Gießen sind als praktische Tätigkeit in der Schule kaum zu lehren – sie wurden hier aber aufgenommen, weil die größte Menge der Irdenware und des Porzellans heute in diesen beiden Techniken hergestellt wird. Ton läßt sich überdies bis zum lederharten Zustand gut schneiden, nur behauen läßt er sich in keinem Zustand. Auf diese Weise ergibt sich eine unübersehbare Vielfalt von Gestaltungsmöglichkeiten, die das Lebendige dieses Materials im Gegensatz zu allen Tonersatzprodukten aufzeigt.
Ton läßt sich, so scheint es oft Unerfahrenen, problemlos mit Ton verbinden. Doch beim Ansetzen von Ton will einiges beachtet sein, soll das Angesetzte nicht schon beim Trokkenprozeß oder beim Brennen wieder abfallen. Weiche, wasserführende Tone lassen sich ohne weiteres durch Andrücken verbinden. Kürzere Tone müssen an den Verbindungsstellen mit einem Messer oder Spachtel aufgerauht, mit wenig Wasser benetzt werden und dann in einer leichten Drehbewegung gegeneinander verbunden werden. Unbedingt ist beim Ansetzen darauf zu achten, daß beide Verbindungsstellen auch wirklich aufeinanderliegen und sich keine Luftblasen gebildet haben. Ist eine Luftblase eingeschlossen, wird das Teil trotz Verstreichen der Ränder wahrscheinlich beim Brennen abgesprengt. An Nahtstellen ist Ton außerordentlich empfindlich: ein Tonbrocken, der mit einem Messer angeschnitten und dann wieder verstrichen worden ist, bleibt unverbunden in der Masse bestehen – man kann das Tonstück z. B. zum Drehen nicht mehr verwenden. Deswegen sollten größere Nähte, z. B. beim Aufeinandersetzen von Teilstükken oder nach dem Aufschneiden und Aushöhlen einer Arbeit, sorgfältig mit einem Modellierholz ineinandergearbeitet werden oder – mit wenig Tonschlamm bestrichen – so lange aneinandergedreht werden, bis

beide Teile sich festgesogen haben und sich nicht mehr bewegen lassen.
Schüler haben eine merkwürdige Affinität zu Wasser. Sie glauben, wenn Tonflächen mit Wasser und Finger bearbeitet werden, dann würden sie glatt. Dieses gilt nur für das Drehen, wo Wasser als „Schmiermittel" während des Drehens verwendet wird. In allen anderen Fällen bewirkt das Wasser – insbesondere bei schamottiertem Ton, das Gegenteil, weil die Schamottkörnchen ausgewaschen und dadurch freigelegt werden. Zudem „treibt" Wasser Tonwulste auseinander, so daß im Bereich der Aufbautechnik von der Verwendung von Wasser grundsätzlich abgeraten werden muß: es entstehen Risse während des Trocknens oder auch erst beim Brennen. Wer wirklich glatte Tonoberflächen erhalten will, muß den Ton im fast lederharten Zustand mit dem Modellierholz oder einem Spachtel mit Druck überarbeiten, bis die Oberfläche spiegelblank erscheint. Das Glänzende geht während des Brandes verloren – zurück bleibt eine dicht wirkende Oberfläche, die aber nicht immer vorteilhaft für die Arbeit ist. Oft sind es gerade die Arbeitsspuren, die zur individuellen Wirkung beitragen.

Das Trocknen
Ton trocknet an der Luft aus und wird dadurch heller und hart, bleibt aber wasserempfindlich. Während des Trockenprozesses unterscheidet man drei Phasen:

1. Der Ton hat „angezogen" – er ist härter geworden, läßt sich nun gut schneiden, aber auch noch verformen. Mit Geschick kann auch noch Ton angesetzt werden.
2. Der Ton ist „lederhart" – er läßt sich nicht mehr verformen, ist gleichwohl noch feucht, d. h. Oberflächen können noch geglättet oder Engoben aufgetragen werden. Es ist der beste Zustand für einen Transport z. B. zu einer Töpferei zum Brennen.
3. Der Ton ist „knochentrocken" – aus dem Ton ist alle überschüssige Feuchtigkeit entwichen und er ist lufttrocken. Er ist nun außerordentlich spröde, hochgradig druck- und schlagempfindlich und bricht daher sehr leicht. Nicht richtig aneinander gebundene Teilstücke wie aufgesetzte Augen oder Haare fallen nun von selbst oder bei der geringsten Berührung ab. In diesem Zustand kann der Ton gebrannt werden. Wird er zu früh im Ofen erhitzt, beginnt das eingeschlossene Wasser zu kochen und treibt den Ton auseinander: Wer nach dem Brand im Ofen statt einer Plastik einen Haufen kleingestückelter Tonbrocken vorfindet, weiß: hier war ein Werk noch nicht vollständig trocken.

Beim Trockenprozeß ist zu beachten, daß das Wasser im Ton zwar nach außen verdunstet, jedoch gleichzeitig nach unten sinkt. Wie oft wünscht man, daß die Standfläche zuerst trocken und fester würde. Doch kann man diesen Vorgang dadurch lenken, indem man nur den oberen Teil des Werkes in eine Plastiktüte hüllt (siehe S. 10, Abb. 10.5). So läßt sich bei einiger Erfahrung jeder erwünschte Zustand des Tons im Trockenprozeß herbeiführen. Der erfahrene Tonmodelleur weiß, daß sich der Aufbau auch durch einfaches Stehenlassen über Nacht festigt, denn das Wasser im Ton fließt an seinen organischen Partikeln entlang nach unten. Bei dieser Gelegenheit wird der Ton homogenisiert, indem sich alle Teilchen in eine senkrechte Richtung legen und den Feuchtigkeitsabfluß beschleunigen. Trocknen die oberen Partien zu schnell, kann es zu Spannungen und Rissen kommen (Schwund), was insbesondere auch für sehr dicke Tonarbeiten gilt. Man hilft sich dann mit einem teilweisen Einwikkeln der Partien, aus denen die Feuchtigkeit nicht so schnell heraus soll, während die die Standfestigkeit gebenden unteren Partien meist offen gelassen werden. Deswegen auch der Hinweis im Schülertext, daß ausgehöhlt werden muß – was technisch nicht notwendig wäre, wenn man den Trockenprozeß pfleglich begleitet – doch nur bei dünneren Wandungen etwa gleicher Stärke ist ein gleichmäßiger und problemloser Trockenprozeß ohne Pflege gewährleistet. Wer den Ton zu schnell trocknen läßt, riskiert Trokkenrisse, die nur sehr schwer ohne erneutes

Aufweichen des gesamten Werkstücks durch Einwickeln in nasse Tücher zu beseitigen sind.
Eine der problematischsten Eigenschaften des Tons besteht darin, daß während des Trockenvorgangs ca. 9 bis 11 % an Volumen schwindet und nochmal ca. 2 bis 3 % während eines Rohbrandes. Dies hat zur Folge, daß keine festen Stützen, wie etwa Holz oder Metall in die Masse eingebaut werden dürfen. Hingegen ist es möglich, den Tonaufbau von außen zu stützen – jedoch auch nur bis zum Ende der ersten Trockenphase.

Das Brennen
Bei ca. 500 Grad Celsius entweicht aus dem Gemenge von Verwitterungsprodukten eine (HO-)Gruppe, was zur Folge hat, daß der Ton ab dann nicht mehr wasserlöslich ist. Bei einer gewissen höheren Temperatur, meist zwischen 1020 und 1200 Grad Celsius, verändert sich die glühende Masse im Ofen nochmals, weil dann mineralische Anteile im Ton zu schmelzen beginnen.
Der Keramiker sagt dann, der Ton sintert. Er ist dann fast flüssig geworden und zu einem glasartigen, dichten Material zusammengeschmolzen, das nicht mehr porös und daher auch frostbeständig ist. Steingut ist ein gesinterter Tonscherben.
Das Brennen sollte nach Möglichkeit in Öfen geschehen, die „pendeln", d. h. die nicht einfach linear die höchste eingestellte Temperatur anstreben, sondern sich zwischendurch automatisch abschalten, um wieder ein wenig zu erkalten. Dieses Verfahren wirkt in Bereichen zwischen ca. 80 und 300 Grad Celsius dem Springen der Tonarbeiten entgegen. Sind trotz sorgfältigen Arbeitens dennoch Luftblasen eingeschlossen, kann die sich in der Wärme ausdehnende Luft bei langsamem Aufheizen dennoch entweichen – vor allem bei schamottierten Tonen. Springt dennoch ein Teil ab, so findet man nach dem Öffnen des Ofens meist einzelne, größere abgesprengte Stücke. Sieht man genau hin, erkennt man eine rauhe Oberfläche der Bruchstelle dort, wo die Tonteile Bindung miteinander hatten und glatte „Inseln" dort, wo die Bindung fehlte. Solche Stellen sollte man den Schülern zeigen, um den Fehler bei folgenden Arbeiten zu vermeiden.
Ein Abbrechen der Stücke kann leicht beim Einsetzen des Ofens passieren, weil der Ton in knochenhartem Zustand extrem brüchig ist.
Mit aller Vorsicht können sich unglasierte Arbeiten (Schrüh- oder Rohbrand) aber ruhig berühren, ja in- und übereinander gestellt werden – sie backen nicht aneinander. Bei Glasurbränden ist das Gegenteil der Fall: sorgfältig muß darauf geachtet werden, daß kein Stück das andere berührt – sie schmelzen sonst aneinander. In diesem Fall sollte man auch immer etwas Schamottemehl vor dem Einsetzen auf die Standfläche streuen.

Gestaltungsmöglichkeiten
In diesem Arbeitsabschnitt geht es nur um die grundsätzlichen Bearbeitungs- und Gestaltungsmöglichkeiten. Wer dennoch statt einer theoretischen Einsicht die praktische Erfahrung vorzieht, kann die in den Zeichnungen wiedergegebenen Bearbeitungen von Schülern in drei Aufgaben nachvollziehen lassen.
Es wird deutlich, daß man beim Formen durch Drücken nicht sehr weit kommt (Schale, Kopf, Tier). Etwas anderes ist es, wenn Abdrücke, sei es von strukturierten Oberflächen im Negativ oder von Negativformen ins Positiv hergestellt werden. Hier zeigt der Ton, was er an Bildsamkeit und Abbildungsgenauigkeit leisten kann. Dabei müssen aber die eingedrückten Oberflächen stets im voraus geglättet sein. Risse und Nahtstellen lassen sich beim Ab- und Eindrücken nicht wegzaubern. Das Ansetzen von Tonteilen an einen Kern (Modellieren in der gröbsten Form) bringt erst eine wirklich plastisch geformte Oberfläche zustande. Die Aufbautechnik ist einfach zu handhaben, solange keine komplizierten Formen damit erreicht werden sollen. Schon das konische Zusammenlaufen einer Vasenform im oberen Bereich bereitet aber manchem Schüler Schwierigkeiten.

II. Anmerkungen ...

... zu den Aufgaben S. 6

Die Antwort auf die erste Frage bezieht sich auf das Schwinden des Tons, der reißt, wenn feste Stützen eingebaut wurden.

Die zweite Aufgabe ist gelöst, wenn der Schüler deutlich machen kann, daß jedes der beiden plastischen Materialien seine Vor- und Nachteile hat. Vorteile des Tons sind seine Bildsamkeit, seine Abbildgenauigkeit, seine vielfältigen Möglichkeiten zur Weiterverarbeitung (Gießen, Sintern, Glasieren) und seine Haltbarkeit im Außenbereich, Nachteile sicher sein Gewicht und seine Zerbrechlichkeit und die komplizierteren technischen Vorgänge bei der Herstellung eines Werkes. (siehe auch Papiermaché, S. 12 ff, LH).

Die dritte Aufgabe läßt sich durch das genaue Folgern aus den Zeichnungen ablesen:

Drücken geschieht nach und nach meist mit Druck und Gegendruck (quetschen). Das gequetschte Material sucht sich einen Weg und bildet neue Formen, die durch Stauchen des Materials teilweise wett gemacht werden können. Biegen ist umso problemloser, desto wasserhaltiger der Ton ist. Wulste und Platten lassen sich besser verformen als dicke unförmige Stücke (Abb. 6.1).

Aufbauen verlangt zunächst das Herstellen von Wulsten oder Platten (Abb. 6.2 links). Diese werden aneinandergedrückt (Mitte) und müssen in einem dritten Arbeitsschritt gegeneinander verstrichen werden (rechts). Immer von oben nach unten verstreichen, anderenfalls reißt man die Teile weiter auseinander.

Drehen ist eine handwerkliche Tätigkeit und will lange Zeit geübt sein, bis man es kann. Prinzipiell wird ein Tonstück in die Mitte der Scheibe gedrückt (Abb. 6.3), dann ein zentriertes Loch in den Ton gemacht (links), um dann mit besonderen Griffen die Gefäßwandung „hochzuziehen“ (Mitte und rechts). Das fertig gedrehte Werkstück wird mit einem Draht abgeschnitten und von der Scheibe gehoben und umgekehrt bis zum lederharten Zustand getrocknet. Dann wird das Gefäß erneut umgekehrt auf die Scheibe gesetzt und Fuß sowie Gefäßboden bis auf den Standring „abgedreht“.

Gießen setzt das Vorhandensein einer wasseraufnehmenden Negativform (Gips) voraus, die zerlegbar und dicht sein muß (Abb. 6.4 links). Sie wird mit Tonschlemme, der ein Gießzusatz beigegeben ist, damit die schwereren Teilchen nicht absinken, vollgegossen. Anschließend wird gewartet, bis die Gipsform dem Tonbrei so viel Feuchtigkeit entzogen hat, daß eine Tonschicht an der Gipswandung klebt (Mitte). Der Rest der Tonschlemme wird nun ausgegossen und man wartet, bis der Ton „angezogen“ hat. Durch das Öffnen der Gipsform erhält man den in Ton gegossenen Gegenstand (rechts).

Die vierte Aufgabe ist gelöst, wenn der Schüler die vier Techniken gegeneinander abwägen kann: das Drücken und Aufbauen sind einfache Handtechniken, wobei man Formen genauer aufbauen als drücken kann. Vor allem aber ist die Größe eines aufzubauenden Gegenstandes – abgesehen von der Brenn- und Transportmöglichkeit – faktisch unbegrenzt. Drehen und Gießen sind technische Verfahren, die auf Apparaturen angewiesen sind. Drehen und das Anfertigen einer Gießform will gelernt sein, Drücken und Aufbauen kann jeder nach kurzer Einweisung.

Bei Erfüllung der letzten Aufgabe lassen sich gegossene oder in Formen gedrückte von gedrehten Gegenständen unterscheiden. Weil auch hier die Technik der Reproduktion voranschreitet, ist es gut, sich eine Mustersammlung anzulegen, die entsprechend den Dingen, die die Schüler mitbringen, ergänzend eingesetzt werden kann. Die gegossenen Gegenstände haben eine sichtbare Naht (was aber z. B. für Geschirre und Vasen meist nicht mehr zutrifft), gedrehte Gefäße, vor allem Teller der zweiten bzw. dritten Wahl sind in der Randebene unregelmäßig gebogen, was zu erkennen ist, wenn man über sie visiert und dabei den Teller langsam dreht. Aufbaukeramik ist an der nicht regelmäßig gerundeten Form zu erkennen, während handwerklich gedrehtes Gut oft Drehspuren in der Wandung aufweist.

... zum Bildmaterial S. 7

Die hier abgebildeten Figuren wurden im alten Syrien gefunden, das das heutige Syrien und den Libanon umfaßt. Diese Kulturlandschaft wurde auch „Fruchtbarer Halbmond“ genannt, weil hier die Lebensbedingungen entlang der Flußniederungen des Euphrat für die Entwicklung einer Kultur der Seßhaften äußerst günstig war. Hier gab es umfangreiche Tonablagerungen, die früh zu der Entwicklung einer keramischen Kultur führten. Schon im 4. Jahrtausend v. Chr. wuchsen erste Städte heran und Stadtstaaten bildeten sich, sicher beeinflußt von den umliegenden Hochkulturen Mesopotamiens, Ägyptens und Anatoliens. Erste menschengestaltige, säulenförmige Tonstatuetten stammen aus dieser Zeit. Im 3. und 2. Jahrtausend vor Christi werden in Nordsyrien Statuetten mit rechteckig geformten Körpern, sehr großen Augen und vogelartigen Nasen geschaffen. Aus dieser Zeit stammen auch die hier zusammengestellten, aber getrennt gefundenen Figürchen, die sich heute im Museum für Vor- und Frühgeschichte in München befinden. Es sind keine Portraitstatuen hochgestellter Persönlichkeiten – so sehr sie auch unseren Vorstellungen von König und Königin entsprechen mögen. Sie wurden als Vertreter der den Göttern Weihenden in den Tempeln der damaligen Zeit aufgestellt. Auf diese Weise, glaubte man, sei der Weihende stets im Tempel anwesend. Um 2000 v. Chr. wird diese Kultur von einwandernden Nomaden überrannt, wovon die Schuttschichten aus dieser Zeit zeugen.

Die Körper beider Gestalten haben rechteckigen Querschnitt. Man sieht förmlich noch, wie der Stand der noch weichen Platten durch heftiges Aufsetzen auf dem Untergrund erreicht wurde (Unterteil des Mannes nach anderen Funden ergänzt). An diese Grundform sind die Köpfe wahrscheinlich durch Drücken und Quetschen aufgesetzt. Für die Arme und andere Utensilien wurden Tonwulste geformt und den Figuren angearbeitet (Arme) oder appliziert (die Augenkugeln der beiden linken Figuren, Schulterband des Mannes, Schmuck der Frau). Schließlich wurden einige Bereiche durch Eindrücken eines Hölzchens strukturiert, wie der Halsschmuck beider linken Figuren, das Haar der Frau, die Finger ihrer beiden Hände sowie die Vertiefungen für die Pupillen und der Bart der rechten Figur. Die Arbeiten strahlen eine technische Unbekümmertheit aus und sind doch gleichzeitig im technisch-gestalterischen Aufwand so vielseitig, daß man die lange Tradition noch spüren kann, die den Tonhandwerkern diese traumwandlerische Sicherheit in Proportionierung, Kontrastierung (z. B. kleiner, hoch gereckter Kopf des Mannes mit aufragender Kopfbedeckung in Kontrast gesetzt zur Großflächigkeit des Körpers) verlieh. Es ist schwer zu sagen, was mehr begeistert, der frische, ganz dem Ton und seinen Eigenheiten folgende Modellierstil oder die fein abgewogenen, aber ausgesprochen locker vorgetragenen Detaillierungen, die zum Kopf hin zunehmen und dem Ganzen auch einen Hauch von Intensität und Präzision geben.

... zu den Aufgaben S. 7

Die erste Aufgabe ist durch genaues Beobachten und logisches Folgern aus der Abbildung zu erlesen: 1. rechteckige Körperplatte, 2. Aufsetzen der gedrückten Kopfpartie, 3. Anbringen der Arme, 4. Ausarbeiten der Kopfpartie, 5. Ansetzen der kleinen Details und 6. Strukturieren einiger Oberflächen.

Die zweite Aufgabe ist gelöst, wenn die auf S. 6 angesprochenen Techniken des Drükkens, Biegens, Quetschens, Ansetzens und Ineinanderarbeitens erkannt und gekennzeichnet wurden. Nicht angewendet wurden die Ausdrücktechnik, die Gießtechnik und das klassische Modellieren.

Die dritte Aufgabe leitet über zur praktischen Arbeit, die in der durch die Abbildung 7.1 angeregten Weise von der ersten Grundschulklasse bis zur 9. Klasse ohne Schwierigkeiten und nur mit wenigen Differenzierungen ausgeführt werden kann. Die Veränderungen beziehen sich auf ein zunehmendes Realitätsbedürfnis des Heranwachsenden, wobei der offene und phantasievolle Umgang mit Ton langsam von dem Willen verdrängt wird, „eine richtige“ (was heißen soll: eine anatomisch richtig proportionierte und modellierte) Figur „machen“ zu wollen – ein in großen Klassen meist hoffnungsloses Unterfangen – doch ließe sich etwas Derartiges schon in einer AG der 9. oder 10. Klasse bewerkstelligen. Als eine im Schulunterricht machbare Variante wird dafür im Arbeitsheft S. 12/13 die Kopfplastik angeboten.

III. Unterrichtsvorschläge

Die Seiten 6 und 7 dienen einer ersten Einführung in die Tonarbeit. Sie sollten immer dann zuerst bearbeitet werden, wenn eine Tonarbeit – gleich in welcher Technik – mit den Schülern begonnen wird. Wer keine weiteren Tonarbeiten plant, kann die hier theoretisch aufgeführten technischen Besonderheiten auch von der Klasse in Tonskizzen praktisch erarbeiten und über die Erfahrungen berichten lassen, die sich schließlich in einer Werkbetrachtung der Abb. 17.1 oder einer vergleichenden Betrachtung der beiden Kopfplastiken Abb. 13.1 und 13.2 niederschlagen bzw. konzentriert und systematisiert werden können. Die Unterrichtsorganisation bei Tonarbeit soll im folgenden Abschnitt anhand einer konkreten Lerneinheit besprochen werden. Ebenso sind Vorschläge zur Weiterarbeit hier noch nicht einzubringen.

VOLLPLASTIK AUS TON (AH S. 8/9)

Materialien

gemagerter Ton (0,2 – 0,5; 25 %), Wasser, eventuell selbst angerührter Schlicker.

Arbeitsmittel

Saugfähige Unterlage, Spachtel, Messer oder Modellierholz, Drahtschlinge zum Tonschneiden.

I. Sachinformationen

Außer der Terminologie macht das vollplastische Arbeiten in Ton – seit altersher die gegebene Technik für kleinere Figuren – keinerlei Schwierigkeiten, wenn die technischen Bedingungen der Tonarbeit beachtet werden. Unter dem Begriff „Vollplastik“ läßt sich eine Plastik verstehen, die nicht hohl ist oder eine Plastik, die rundum ausgearbeitet und daher vielansichtig ist. Hier wird der ersten Bedeutung der Vorzug gegeben. Für die zweite Bedeutung wird der Begriff „Freiplastik“ verwendet (siehe auch Begriffserklärungen S. 40). Hin und wieder wird in der Literatur auch der Begriff „Rundumplastik“ verwendet.

Technische Voraussetzungen
Beim Gestalten vollplastischer Figuren sollte bei der Wahl eines Themas und seiner Ausgestaltung vor allem der Schwund des Tons auf Grund von Feuchtigkeitsverlust beachtet werden. So ist z. B. nach der vorangegangenen Einführung in die Eigenheiten des Tons deutlich, warum die Volumen einer Vollplastik aus Ton nicht über 4 bis 6 cm hinaus gehen sollten. Damit fällt eines der typischsten Verfahren beim Herstellen einer Vollplastik, das Modellieren, wegen technischer Schwierigkeiten beim Brennen weg. Der Plastiker verwendet dieses Verfahren meist nur, um Modelle herzustellen. Sie werden in den allermeisten Fällen in Gips abgegossen, um für eine weitere Bearbeitung zur Verfügung zu stehen. So bleiben als Bearbeitungstechniken das Drücken und Quetschen und die Arbeit mit dem mehr oder weniger verformten Wulst.

Gestaltungsmöglichkeiten
In der Grundschule „kneten“ die Kinder das Material gerne, d. h. sie verformen es durch Drücken, Quetschen und Biegen. Mit dieser Technik können einfache Gefäße und Figuren hergestellt werden, doch bedarf es bei einer weiteren Ausdifferenzierung der Gestaltungsaufgabe schon einer gewissen Geschicklichkeit, um die grobe Erstform zu überwinden. Unter Anleitung können die Kinder aber aus einem Stück Ton beispielsweise verschiedene Tiere herstellen. Man läßt sie einen länglichen Tonbrocken mit großem Querschnitt formen und rollt seine Oberfläche glatt. Dann erarbeitet man mit den Kindern, wieviele Extremitäten ein Tier vorne und hinten hat. Die gefundenen drei Teile vorne (Kopf und Vorderbeine) und hinten (Hinterbeine und Schwanz) werden nun jeweils durch zwei Schnitte an der Vorder- und Hinterseite des Klumpens „ausgelöst“

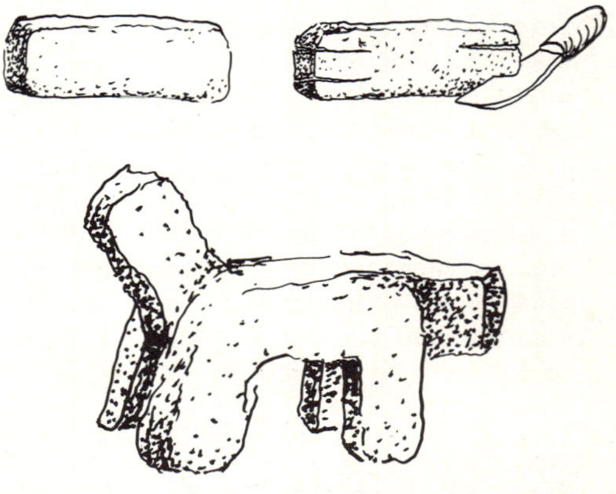

Abb. 2: Formen einer Tierplastik aus einem Stück Ton durch Biegen, Drücken und Schneiden

(Abb. 2, LH). Nun werden die beiden äußeren Stränge nach unten, der mittlere jeweils nach oben gebogen und der Kopf durch Stauchen und Quetschen verbreitert, der Schwanz durch Drücken und Ziehen zum Ende hin verdünnt. Es darf auch ruhig verlangt werden, die Ohren aus der Masse herauszuformen – das schult den modellierenden Umgang mit Ton und erweitert die Materialerfahrung, denn überstrapazierter

Ton reißt schließlich ab. Zuletzt wird dann die Oberfläche strukturiert, d. h. Fell durch verschiedene Oberflächenbehandlung imitiert (z. B. lassen sich mit einem angespitzten Rundholz die Löckchen der Schafswolle einzeichnen oder auch die Borsten eines Schweins darstellen).

Der Vorteil dieses Vorgehens ist einmal, daß keine Tonbrocken herumliegen, da ja alles aus einem Stück hergestellt werden soll. Zum anderen fällt – besonders in den unteren Klassenstufen ein Problem – das sachgemäße Ansetzen von Tonteilen weg. Der Ton bleibt homogen. Beim Brennen springt garantiert nichts ab.

Weil bei diesem Vorgehen die Möglichkeiten, eine eigene Ausdrucksgestalt bei Pflanze, Tier oder Mensch zu finden, sehr begrenzt sind, wurde im Text S. 8 ein Verfahren angesprochen, das mit der Formung von Wulsten beginnt und diese mehr gebogen als gedrückt werden. Details werden an einen Grundkörper angesetzt, statt sie aus dem Ganzen zu formen. Der Vorteil dieses Verfahrens liegt in der Möglichkeit, die Lebensnähe einer menschlichen Haltung solange ausprobieren zu können, bis der Schüler selbst damit zufrieden ist. Sie läßt sich vom Schüler durch Einnehmen der gewünschten Haltung überprüfen, doch meist reicht das Vorstellungsvermögen noch aus. Es lassen sich außerdem nicht nur ganz verwunschene, sondern auch charaktervolle Bäume her-

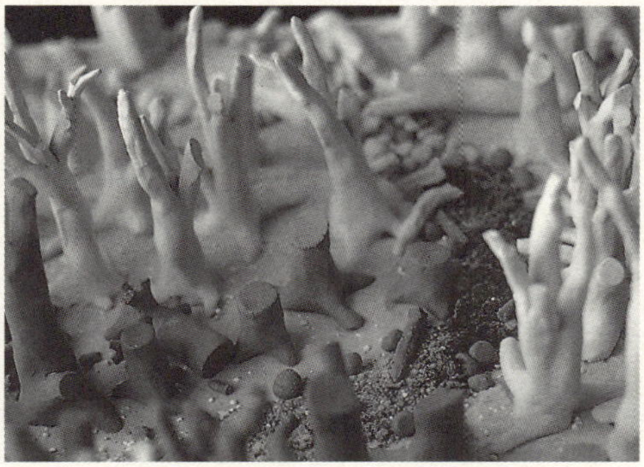

Abb. 3: Waldstück Ton, Gemeinschaftsarbeit, 10. Klasse

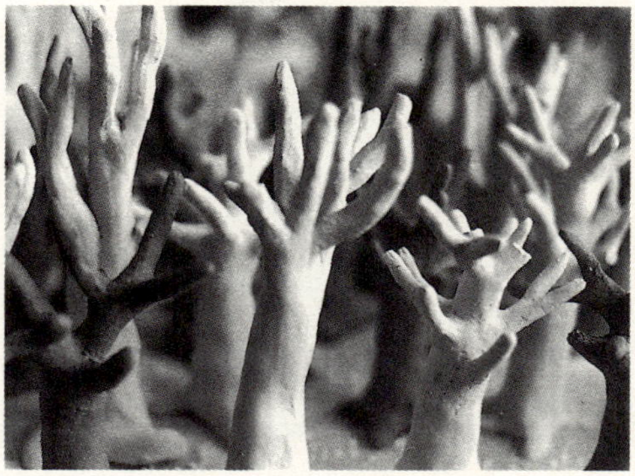

Abb. 4: Detailaufnahme Waldstück

stellen, die erst ab 30 cm richtig wirken (Abb. 8.1 und Abb. 3/4, LH).

Gewisse Schwierigkeiten bereitet die freistehende Wulstplastik. Hier müßte entweder mit seitlichen Stützen gearbeitet werden oder die Figur genau ausgewogen und erschütterungsfrei aufgestellt werden, oder es müßte zuerst das Unterteil auf einer Bodenplatte gearbeitet werden, nachdem der untere Bereich schon eine gewisse Festigkeit erlangt hat. Beim Zusammensetzen der Tonteile aber immer beide Teile frei schwebend halten, anderenfalls bricht die Bodenplatte ab. Bei figürlicher Darstellung werden Hände und Füße meist zu klein geformt, was nicht sein muß, wenn Messungen am eigenen Körper gemacht werden. Wie die Abb. 8.2 zeigt, müssen die Gestalten nicht „Wulstmenschen" bleiben, sondern können auch durch Applikation von Accessoires und mit zu Lappen gedrückten Tonteilen zu Leitbildern oder erlebten Charakteren ausstaffiert werden (Abb. 8.2): Hut, Schnurrbart und Zigarette sind Details, die erst nachträglich an den aus Wulsten hergestellten Grundaufbau herangedrückt worden sind. Auf diese Art ließen sich (auch mit verschiedenfarbigen Tonen) z. B. Astronauten, Bewohner eines anderen Sterns, Goofy, Torten und andere Lebensmittel nachformen.

Das A und O dieser Technik ist das richtige Befestigen der Teile. Grundsätzliches wurde schon auf S. 6 gesagt. Die Wulstteile müssen an den Grundkörper immer fest angedrückt

und ein wenig dabei hin- und herbewegt werden, bis sie wirklich fest sitzen. Alles, was bei geringem Zug wieder abgeht, wurde nicht sachgemäß angebracht. Manche Teile lassen sich nicht fest andrücken, weil dadurch ihre Form mit zerdrückt würde. Dann sollten die glatten Paßstellen mit dem Messerrücken aufgerauht und aneinandergesetzt werden. Wenn dies auch schlecht möglich ist, kann Schlicker, der dickflüssig angemacht sein sollte, als „Tonklebstoff" benutzt werden. Nur darf die Schlickerschicht nicht zu dick sein – sie schwindet ja mehr und bewirkt, daß das „angeklebte" Teil erst recht (durch Entstehen von Trockenrissen) abfällt. Schlicker kann auch durch ganz wenig Wasser, das an dieser Stelle mit der Fingerkuppe angetragen wird, ersetzt werden.
Beim Applizieren von Tonlappen, z. B. bei Kleidern, ist zusätzlich der schnellere Schwund des Lappens gegenüber den Kernkörpern zu beachten. Darum werden die umhüllenden Tonlappen immer nur an einer Seite, z. B. an den Schultern, gut befestigt, aber nicht noch einmal unten an den Hosen angedrückt. Auf diese Weise können Wulst und Fladen ruhig unterschiedlich schnell trocknen, sie arbeiten dann nicht gegeneinander.

II. Anmerkungen ...

... zu den Aufgaben S. 8
Zur ersten Aufgabe: der Ton wurde sowohl in vorgefertigten Wulsten als auch in gedrückten Lappen und in kleinen modellierten Teilen ausgeführt.
Die zweite Aufgabe läßt sich durch den Text selbst und das oben Gesagte lösen.
Die Anregung, auch Teile der Umgebung in Ton mitzuformen, bezieht sich auf einige Situationen, wie z. B. das Sitzen auf einem Stuhl, das auch um einen Tisch und die darauf liegenden Utensilien erweitert werden kann. Es lassen sich aus Tonteilen auch Wandecken formen, in die eine stehende Figur hineingelehnt oder eine Türe, in die sie hineingestellt werden kann.
In der letzten Aufgabe handelt es sich um ein sehr dankbares Thema, doch sollte im Voraus geklärt werden, ob die oben erwähnten Bäume über 30 cm werden sollen oder ob es sich um eine Gemeinschaftsarbeit handelt, bei der kleinere Höhenmaße angebracht sind. Im ersteren Fall wird eine geschlossene Grundplatte Schwierigkeiten bereiten. Man sollte dann eher einem Puzzle vergleichbar, jedem Baum eine eigene Grundplatte geben, die an die anderen beliebig oder nach Plan angelegt werden kann. Im anderen Fall ließen sich ganze Erzählungen von Wegen (z. B. Die unendliche Geschichte, Momo oder Der kleine Hobbit) in Teilstücken nachformen und kommentieren.

... zum Bildmaterial S. 8/9
Bei den beiden Abbildungen S. 8 handelt es sich um Arbeiten, die in der oben beschriebenen zweiten Methode hergestellt wurden. Es kann also im Zusammenhang mit dem Text jeweils auf die Bilder verwiesen werden.
Die Abbildung auf Seite 9 (Abb. 9.1) gibt eine der im vorderasiatischen Raum im Altertum bildhaften Darstellung des Alltagslebens wieder. Der Sinn dieser Darstellungen lag in dem Glauben dieser Völker begründet, daß der Tote nach seinem Ableben in einer anderen Welt weiterlebt. Für diesen Zweck wurden dem Grab alle Gerätschaften beigegeben, die nach Vorstellung der Lebenden notwendig waren, um im Jenseits ein gutes Leben führen zu können. Es wurden nicht nur persönliche Gegenstände, wie Kleidung, Schmuck, Geschirr und Waffen beigelegt, sondern gewissermaßen eine ganze Welt noch einmal modellhaft nachgeformt. Hinter diesen Bräuchen stand die Angst, daß unzufriedene Seelen die Lebenden besuchen, durch Träume peinigen oder in ihre Lebensumstände negativ eingreifen könnten.
So bildet also das plastische Alltagsensemble (Abb. 9.1) nicht Wirklichkeit um der Wirklichkeit willen ab, sondern es handelt sich um einer Grabbeigabe, die Lebensmöglichkeiten – Vieh, den Wasserbrunnen, die Tränke und Viehhüter – im Jenseits sicherstellen sollten.
Bei der Gruppe handelt es sich um eine hand-

werkliche Arbeit, bei der mit dem Ton geschickt und sicher umgegangen wurde, die künstlerische Ausgestaltung aber kein besonderes Gewicht erhielt. Sieht man genau hin, wird einsichtig, daß die Figuren aus Tonwulsten geformt und Teile durch Drücken des Tons differenziert worden sind (Köpfe der Bauern und der Tiere). Es lassen sich auch Druckstellen der Finger im weichen Ton finden. Die Gruppe ist von Restauratoren aus Trümmerstücken wieder zusammengesetzt worden. Dennoch fehlt einiges, wie z. B. die Hände der Bauern. Daran aber läßt sich nachweisen, daß es sich um Vollfiguren handelt. Hingegen ist der Ziehbrunnen hohl gearbeitet. Voll gearbeitet, wäre er schon in die beim Brennen kritische Stärke gekommen. Vermutlich ist ein Ausflußteil verlorengegangen. Zur Gruppe gehören auch drei Affen (hier nicht sichtbar), die sich entsprechend dem Spruch „nichts sehen, nichts sagen, nichts hören“ Augen, Mund und Ohren zuhalten.

... zu den Aufgaben S. 9
Nach dem oben Gesagten ist die erste Aufgabe leicht zu erfüllen bzw. zu kontrollieren. Die zweite Aufgabe ist erfüllt, wenn erkannt wird, daß z. B. die Arme und Hände der beiden Bauern verlorengegangen sind und das Ganze nachträglich wieder aus Teilstücken rekonstruiert wurde.
Die technischen Vorgehensweisen wurden im Text oben bereits erläutert. So ist es nicht mehr schwer, selbst solche Szenen zu bearbeiten. Anregungen könnten Arbeiten von Segal, Hamilton oder Kienholz aus der Zeit der endenden Pop-Art-Bewegung geben, falls nicht fächerübergreifende Themen Anlaß zur Arbeit werden.

... zur psychologischen Situation
Das vollplastische Arbeiten berührt die Grundfrage, ob Kinder lieber aus dem vollen Stück drücken oder Teile ansetzen. Hier muß ganz eindeutig festgestellt werden, daß beide Möglichkeiten durchaus kindgemäß sind und auch in empirischen Untersuchungen die beiden Vorlieben gleichverteilt waren. Beide Vorgehensweisen sollten mit allen Kindern geübt und zum Gegenstand unterrichtlicher Anforderung gemacht werden – denn lernen sollte das Kind – und der Jugendliche – beide Vorgehensweisen.

III. Unterrichtsvorschläge

Der Ablauf des Unterrichts ist dem 2. Abschnitt des Textes S. 8 zu entnehmen. Wenn jeder Schüler eine Unterlage hat und ihm eine entsprechende Menge Ton zugeteilt worden ist, wird es in der Abfolge der Unterrichtsschritte kaum Schwierigkeiten geben.

Anmerkungen zur Unterrichtsorganisation
Bevor mit dieser oder anderen Tontechniken begonnen wird, sollte sich der Lehrer darüber Gedanken machen, wo die halb oder ganz fertiggestellten Arbeiten bis zur folgenden Woche aufgehoben werden sollen. Gut wäre, dafür Regale zu haben, die in richtig eingerichteten Werkräumen einer Schule zur Verfügung stehen. Wo sie fehlen, hat es sich auch bewährt, die Arbeiten auf seitlich stehenden Tischen im Klassenzimmer aufzubewahren. Sie stehen dann gewissermaßen im Verantwortungsbereich der Schüler – und die Erfahrung zeigt, daß auch dieses gelingt, wenn es offen angesprochen wird und dem Wunsch der Schüler entspricht.

Anregungen für die Weiterarbeit
Ein weiterführender Unterricht muß so geplant sein, daß am Ende der Arbeitszeit ein fertiges Ergebnis dasteht, weil eine Weiterarbeit in der kommenden Woche problematisch ist. Allenfalls die Herstellung der Kernform in der einen und das Applizieren von Details in der folgenden Stunde ließe sich denken.
Bei einiger Phantasie läßt die Vollplastik aus Ton manche inhaltlichen Erweiterungen zu, kann aber aus technischen Gründen nur bis zu einer Größe von ca. max. 60 cm Höhe Anwendung finden. Die Standfestigkeit der noch biegsamen Wulste und die Schwierigkeiten, die durch den unterschiedlich schnell

ablaufenden Trockenprozeß entstehen, verbieten es, größere Werke anzufertigen. Doch der inhaltlichen Auslegung im kleinplastischen Bereich sind keine Grenzen gesetzt, besonders dann, wenn zu Gruppierungen der Einzelarbeiten übergegangen und auch die Möglichkeit ergriffen wird, die Umgebung plastisch mit auszugestalten. So kann man zu Landschaftsabfolgen oder zu alltäglichen Situationen kommen (Meeresgrund, Strandleben, Turnhalle, Kaffeehaus, Zoo, Roboterfabrik), ja eigentlich jede in der Wirklichkeit anzutreffende Situation in Ton nachbilden. Dabei kann das umsichtige Arbeiten mit verschiedenfarbig brennenden Tonsorten (z. B. weiß, rot, braunschwarz) und das Einstempeln von Negativformen noch zusätzliche Reize haben. Verfremdungen lassen sich erreichen, wenn entweder durch das gezielte Zusammendrücken einzelner Figuren größere plastische Gruppen entstehen, die erst nachträglich interpretiert werden oder durch Veränderung von Größenverhältnissen eigentümliche Situationen dargestellt werden (David und Goliath oder ganz kleine Figuren zu Tonstücken von üblicher Größe, die dann riesig wirken).

Materialien

Gemagerter Ton (0,2 – 0,5 mm Körnung; 25 bis 30 %).

Arbeitsmittel

Unterlage, Brettchen, auch Modellierhölzer, Tonschlinge, Tonkratze.

I. Sachinformationen

Die Aufbautechnik gehört zu den ältesten Tontechniken. Sie wurde dort eingesetzt, wo die Drehscheibe noch nicht erfunden war oder überlebensgroße Vorratsgefäße aus Ton hergestellt werden mußten. Damit sind schon zwei wichtige Eigenheiten der Aufbautechnik gekennzeichnet: da sie es erlaubt, hohle Gegenstände in selbstgewählter Wandungsstärke herzustellen, sind Trocknungs- und Schwundproblem anderer Tonverarbeitungstechniken umgangen. Daraus folgt, daß man im Prinzip keinerlei Größenbeschränkungen unterworfen ist. Tatsächlich haben die Menschen früher Kulturen auch riesige Tongefäße aufgebaut, die gleich an Ort und Stelle gebrannt wurden. Auch überlebensgroße Figuren wurden z. B. bei den Etruskern aus Ton hohl aufgebaut.
Dem Problem des Brennens solch großer Werkstücke wurde dadurch Abhilfe geschaffen, daß man die Gegenstände aus mehreren Teilen herstellte, einzeln brannte, und – vorher mit Paßmuffen versehen – nach dem Brand zusammenstecken konnte. Ein solches Verfahren ist auch für die Schule durchaus geeignet, um Großplastiken von erstaunlicher Wirkung her- und aufstellen zu können.

Technische Voraussetzungen

Die technischen Voraussetzungen sind denkbar einfach. Je größer ein Gegenstand werden soll, desto breiter müssen die Wandungen sein, d. h. desto magerer muß der Ton, umso gröber sollte die zugesetzte Schamotte sein. Das ist notwendig, weil sich in dieser Technik so gut wie gar nicht „blasenfrei" arbeiten läßt und daher beim Brennen die eingeschlossenen kleinen Luftpartikel entweichen können müssen. Beachtet man einige Regeln beim Aufbauen aus Wulst oder Platte, so läßt sich die Anfälligkeit sehr herabsetzen.
Das erste wäre, einen guten Wulst zu machen. Hier entdeckt man, wie sehr das rhythmische Körpergefühl bei einigen Schülern schon geschädigt ist, weil es nirgends mehr ausgelebt werden kann: einige Schüler kommen beim Ausrollen des Tons nicht zu einer runden, glatten und gleichmäßig geformten „Wurst", sondern sie verkrampfen sich und schieben den Tonwulst nur immer hin und her, statt ihn frei aus dem Körper heraus zu rollen.
Ist dieses denn geübt und gelungen, wird, wie in Abb. 10.1 dargestellt, eine Schnecke gedreht, und der Wulst ab der Stelle hochgenommen, an dem die Wandung z. B. eines Gefäßes, beginnen und der Boden enden soll. Je länger die Wulste sind, desto besser, sie sollten aber mindestens länger als eine Umfangsstrecke des Gefäßes sein. Nur so ist gewährleistet, daß die ansteigende Wulstspirale auch Festigkeit und Halt bekommt. Oft reißt bei Schülern ein, immer nur einen Ring in der Aufbauebene zu legen, um dann den nächsten darauf zu setzen. Prizipiell ist das möglich und bei großen Gartenvasen und den Vorratsgefäßen unserer Vorfahren auch üblich gewesen. Beim Wulstring fehlt es kleineren Arbeiten aber oft an Halt und daher auch an Form. Diesen erhält man, wenn nicht jede Lage einzeln mit dem Daumen von oben nach unten verschmiert wird (Abb. 10.2). Besser ist es, mehrere Lagen des spiralig aufgelegten Wulstes auf diese Art zu verstreichen, weil dann der Druck nach unten die Lagen zusätzlich aufeinanderpreßt. Jedenfalls sollte nach dem Verschmieren der Wulstlagen das Gefäß am Rand hochgenommen werden können, ohne daß die Wulste sich wieder trennen.
Anfängern bereitet die Formung des Gefäßes mittels des genauen Legens der Wulste Schwierigkeiten – besonders dann, wenn die Wandung nach innen weisen, also wieder zusammenlaufen soll (Abb. 10.4). Eine andere Möglichkeit, bauchige oder gehöhlte

Formen zu schaffen, gibt es praktisch nur noch, wenn man die Wandung ein- und ausbeult, was aber gekonnt sein will, damit die Wulstlagen nicht auseinanderreißen.
Die Aufbauarbeit kann nicht beliebig fortgesetzt werden. Irgendwann beginnt das Gewicht der auf der Basis lagernden Tonmassen diese zusammenzuquetschen. Dann ist eine Antrockenpause unbedingt vonnöten. In der Regel ist dann aber auch eine Doppelstunde herum, es sei denn, die Formen sind kompliziert, oder es handelt sich um eine geringe Ausdehnung an der Basis und Ausladendes im weiteren Aufbau.
Der Wiederbeginn nach einer längeren Pause kann problematisch werden, wenn die begonnene Arbeit schon zu hart geworden ist. Ein auf die obere Kante gelegter nasser Lappen weicht aber die oberen Partien schnell auf. Während der wöchentlichen Pausen sollte kein nasses Tuch im luftdichten Plastiksack aufgelegt werden, weil dann die gesamte Arbeit weicher werden kann als sie zu Beginn war – oder sogar in sich zusammensackt.
Entstehen dennoch Trockenrisse, die in dieser Technik immer entlang der aufgelegten Wulste verlaufen, so sollte der Bereich nur von außen mit Wasser angesprüht werden und mit dem Messerrücken Material von der eben angefeuchteten Oberfläche abgekratzt und in den Riß eingedrückt werden. Das Flicken mit weichem Ton nützt nichts, da dieser stärker schwindet als die halbtrockene Wandung der Arbeit – es reißt dort immer wieder.
In der Regel läßt sich die Formgebung der Arbeit nur in einem zweiten Arbeitsgang bewerkstelligen. Dabei wird die Oberflächengestaltung in Angriff genommen. Durch Modellieren, Drücken, Schaben mit einer Holzbrettkante oder einer Kratze und auch durch Antragen von Ton läßt sich die endgültige Form erarbeiten.
Das Trocknen kann vor allem bei größeren Arbeiten problematische Schwundspannungen hervorrufen, wie es die Abb. 10.5 verdeutlicht. Erste Hilfe ist das Umdrehen der Arbeit, um den Feuchtigkeitsfluß zu verteilen – wenn das möglich ist. Anderenfalls hilft das Einhüllen der oberen Teile eines Werkes in luftdichte Plastiktüten. Wenn das nicht ausreicht, muß mit teilweise aufgelegten, nur wenig angefeuchteten Tüchern der Trockenprozeß gelenkt werden.

Gestaltungsmöglichkeiten
Mittels der Aufbaukeramik lassen sich fast alle gestalterischen Vorhaben durchführen. Die Begrenzung liegt also nicht im Verfahren, sondern nur in der mehr oder weniger geschickten Anwendung. Will man vom Gefäß weg zu plastischen Gebilden, entstehen Arbeiten mit ausladenden Teilen oder vielen Durchbrüchen. Sie sind schon schwieriger aufzubauen, doch prinzipiell möglich. Es bedarf einer guten Vorstellungskraft, um die Gesamtgestalt bereits vor Augen zu haben. Es mag dies die Hauptschwierigkeit der Schüler sein, die es gewohnt sind, Bilderwelten vorgeführt zu bekommen und selten Gestaltvorstellungen selbst zu erzeugen.
So muß hier schrittweise vorgegangen werden – mit einem gefäßartigen Aufbau kann begonnen werden. Erst dann wird die senkrechte Achsorientierung des Gefäßes als Bezugsachse des Ganzen verlassen, um Körper (gewölbte Teilvolumen) und Raum (Einbuchtungen der Wandung) asymmetrisch spannungsvoll anzuordnen und einen Wandungsverlauf zu gestalten, der sich in positiven und negativen Teilen abwechselt. Ein dritter Schritt wäre der Hinweis auf die Achsenstellung der aus einem Mittelkörper herauswachsenden Teilvolumen. Sind sie in einer Richtung angeordnet, entsteht ein Flächenbezug, sind sie nach allen Richtungen angeordnet, wird die Plastik raumhaltig (z. B. beim Thema Kakteen gut zu erarbeiten).
Ausladende Teile sind oft schwer in der geplanten Stellung zum Ganzen zu halten. Dann sollte man Teilvolumen aufbauen, um sie erst nach dem ersten Verfestigungsprozeß anzusetzen. Bei sehr zerklüfteten Arbeiten lassen sich auch alle Teilvolumen getrennt aufbauen, um dann zusammengefügt zu werden. Hierbei ist aber auf eine technisch einwandfreie Verbindung der Teilvolumen zu achten. Oft muß zur Montage noch ein-

mal ein Loch in eine der Formen geschnitten werden, um die Nähte innen gut ineinander arbeiten zu können. Danach wird der konisch geformte „Deckel“ wieder auf das Loch gesetzt und verstrichen. Hin und wieder helfen auch von außen untergestellte, genau auf Länge geschnittene Holzstäbe, die ausladenden Teile zu stützen. Die Stäbe müssen nur so bald als möglich wieder entfernt werden, sonst verformen sie die schwindende Tonmasse.
Solche Probleme gibt es bei der Herstellung paßgenauer Steckmuffen nicht. Man gestaltet sie kräftig in der Wandung und paßt das eine Teil in das andere genau ein. Da der Ton in beiden Teilen gleichmäßig schwindet, passen die Teile auch nach dem Brand zusammen.

II. Anmerkungen ...

... zu den Aufgaben S. 10

Die erste Aufgabe bezieht sich auf die Schwierigkeit, Wulste so zu legen, daß eine vorher bestimmte Form entsteht. Deswegen sollen die Schüler die Wulste erst bewußt nach außen geneigt legen (Abb. 10.4), um sie dann bewußt nach innen geneigt zu legen. Nur so läßt sich ein „Bauch“ formen.
Die zweite Aufgabe bezieht sich auf die schwierigere Ausformung, weil bei Tier oder Mensch ja zunächst vier oder zwei Teilvolumen hergestellt werden müssen, ehe der Körper als verbindende Form darauf gesetzt werden kann – oder es werden alle Teilvolumen erst einmal für sich geformt und dann aneinandergesetzt, wie oben beschrieben.

... zum Bildmaterial S. 10/11

Die Zeichnungen auf S. 10 sind rein didaktischer Natur. Sie können dem Schüler helfen, sich in diese Technik einzuarbeiten.
Die beiden Bilder S. 11 sind wegen der unterschiedlichen Technik (Abb. 11.1 Aufbau in Plattentechnik; Abb. 11.2 Aufbau in der Wulsttechnik) und der verschiedenartigen Gestaltungsmerkmale ausgewählt.
Die Tonarbeit Abb. 11.1 stammt aus Südamerika, aus einem Kulturkreis, der sich bis heute ganz besonders der Tonplastik verbunden fühlt. Bekannt sind Gruppenplastiken, die alle Lebensumstände von der Geburt eines Kindes bis hin zu einer Hirnoperation zeigen und den hohen Standard der Gestaltungskraft verdeutlichen. Dennoch setzt einen eine Genre-Szene wie die hier abgebildete noch immer in Erstaunen. Mit welcher Lebendigkeit hat der Künstler Haltung und Tracht dargestellt und trotz der Augenblickshaltung sind die plastischen Gesetze weder in der Haltung der Figur noch in der Ausführung der Details verletzt worden. Durch eine kleine Beschädigung wird deutlich, daß diese Plastik hohl aufgebaut ist. Dabei gelang es dem Künstler, trotz der Aufbautechnik eine unglaublich plastische Bewegtheit in die Statue einzuformen.
Die Tonarbeit Abb. 11.2 stammt aus dem vorgriechisch-vorderasiatisch-syrisch beeinflußten zyprischen Kulturkreis, in dem gleichfalls der Werkstoff Ton überlegen gehandhabt worden ist. Die Figur stammt aus der späten Bronzezeit, als Zypern in festen Beziehungen zu den Hethitern (Syrern) auf der einen und den Ägyptern auf der anderen Seite stand.
Es handelt sich um eine weibliche Gestalt, die einer Gefäßform einbeschrieben scheint. Der Grundköper ist aus drei Teilen in Aufbautechnik gebildet und anschließend zusammengesetzt worden. Auf der Abbildung erkennt man die eine Naht in Höhe der breitesten Ausdehnung der Plastik; die andere liegt am Hals, der abgebrochen war. An der Plastik lassen sich außer der Aufbautechnik ähnlichen Drehtechnik auch viele andere Möglichkeiten im Umgang mit Ton gut ablesen: da wäre vor allem die Methode des Aufschneidens der Gefäßform, durch die die Beine getrennt wurden und das Einwölben der Schnittstelle an erster Stelle zu nennen. Vollwulste bilden die Arme, die henkelartig an den Schultern und an der Taille befestigt wurden. Die Augen wurden nachträglich mit eingedrückten Kugeln appliziert und sind von einem kreisrunden Wulst umgeben. Die Ohren sind aus lappenartig in die Breite gedrücktem Ton geformt. Noch im weichen

Zustand wurden Tonringe als Ohrringe eingefügt. Die Brüste sind auf die Körperwandung aufmodelliert und mit ihr sorgfältig verbunden worden. Viele Bereiche der Oberfläche sind durch Einritzen, entweder rundum (Hals/Hüfte) oder in kurzen Gravuren (Augenbrauen/Bauch/Oberschenkel) ornamental belebt worden.

... zu den Aufgaben S. 11
Die erste Aufgabe ist gelöst, wenn die eine Plastik (Abb. 11.1) als Schilderung einer alltäglichen Begebenheit, die andere (Abb. 11.2) als religiös motivierte Darstellung erkannt werden. In jedem Fall sind beide Plastiken in Aufbautechnik erstellt – wegen der größeren Flächenstücke hier und der Rundungen dort ließe sich ein Unterschied von Platten- und Wulsttechnik zumindest vermuten. Die gestalterischen Unterschiede sind groß: die eine Plastik (Abb. 11.1) ist ganz aus den Volumen gearbeitet, die durch die Körperbewegung gebildet werden, so daß eine Gesamterscheinung mit unruhig verlaufender Kontur entsteht. Die andere (Abb. 11.2) ist aus einem Gesamtvolumen geformt, das nur reliefartig differenziert wird und im Wesentlichen die positiv gewölbte Gefäßform beibehält. Während der südamerikanische Plastiker die applizierten Gegenstände im Voraus genau geformt und dann angesetzt hat, verwendete der zypriotische Plastiker Tonteile, die nur geringfügig vorgeformt waren und erst im Zusammenhang mit der Plastik ihre endgültige Form erhielten.
Die zweite Aufgabe bezieht sich auf das, was Schülern beim Lesen des Textes und der gesprächsweise vermittelten Anregungen, die hier gegeben werden, einfällt. Prinzipiell sollte aber entschieden werden, ob es sich um Einzelarbeit und dann um eine Plastik handelt, die die max. Höhe des vorhandenen Brennofens nicht überschreitet oder ob es sich um Gruppenarbeit handeln soll, die sich enweder in die Fläche oder in die Höhe entwickeln kann.
Die dritte Aufgabe könnte als Anweisung für die technische Durchführung mißverstanden werden. Bevor eine Plastik aus mehreren Stücken „nach dem Brennen“ zusammengesetzt werden kann, muß sie schon beim Entstehen zusammengepaßt werden.
1. Dies geschieht durch Aufteilen der Gesamtplastik in einer 1 : 1 Werkzeichnung, d. h. es wird vor Arbeitsbeginn festgelegt, aus wievielen Teilen eine solche Plastik bestehen soll und wer diese Teile macht.
2. Die jeweils aneinanderstoßenden Teile brauchen nicht nur eine Paßfläche, die möglichst waagerecht verlaufen sollte, sondern auch Muffe und Loch, um sie rutschfest ineinanderstecken zu können.
3. Beide Teile müssen kurz vor dem lederharten Zustand der Arbeiten ineinander gepaßt werden, wobei man das Gegeneinanderdrehen der Teile nicht vergessen sollte – es sei denn, man plant von vornherein eine bestimmte Ansichts- und Rückseite, die durch einen kräftigen Dorn festgelegt wird, der im darauf folgenden Teil in eine Kerbe paßt. Nie die gesamte Plastik im ungebrannten Zustand zusammensetzen, da der Druck auf den unteren Teil zu stark werden könnte.

III. Unterrichtsvorschläge

Die Aufbautechnik kann von der untersten bis zur obersten Klassenstufe eingesetzt werden. Die Differenzierung betrifft demnach nicht die Technik, sondern den Schwierigkeitsgrad ihrer Realisierung.

Anmerkungen zur Unterrichtsorganisation
Wie bei jeder Tonarbeit, so ist auch hier in die Organisation des Unterrichts einzubeziehen, wann es technisch sinnvoll ist, die Arbeit zu unterbrechen, bzw. bis zur folgenden Woche stehen zu lassen. In der Einführung in das Material Ton wurde schon begründet, warum sich eine Tonarbeit innerlich festigt, wenn sie einige Zeit stehen bleibt (S. 23, LH). Schüler der Mittelstufe neigen dazu, sich Details zu widmen, bevor das Ganze grob vor Augen steht. Die Gesamtgestaltung sollte aber unbedingt den Vorzug haben. So ist es gut, die Schüler z. B. darauf hinzuweisen, daß sie in der ersten Doppelstunde mit

der Grobanlage ihres Aufbauwerkes fertig sein sollten, damit es sich dann innerhalb der folgenden Woche stabilisieren kann. Dann können im zweiten Durchgang die Feinarbeiten ausgeführt werden. Wo dieses der Größe der Arbeit wegen nicht möglich ist, sollten immer die statisch schwierigen Passagen noch vor der Unterbrechung bewältigt werden, wie z. B. die engere Taillierung des Grundkörpers oder der Hals.

Anregungen für die Weiterarbeit

Schüler, die das Prinzip der Aufbautechnik in dieser Altersstufe erkannt haben, neigen dazu, entsprechend ihrer Sehnsucht nach Unabhängigkeit, beispielsweise „Geschirr" herstellen zu wollen. Hiervor muß dringend gewarnt werden. Ton ist als Gebrauchsgut (Irdenware!) sehr schlagempfindlich. Wer einem Keramiker schon einmal zugesehen hat, der weiß, mit welcher Umsicht zu Werke gegangen werden muß, um z. B. einen Henkel (Tasse oder Gefäß) so anzusetzen, daß er nicht wieder abgehen kann, und ahnt, welche Kenntnisse notwendig sind, um eine halbwegs befriedigende Lösung zu finden. Dies gilt natürlich nicht für Puppengeschirr, das sich sehr schön in dieser Technik herstellen läßt. Es gilt auch nicht für das allseits beliebte Stövchen, dessen plastisch anspruchsvollerer Nachfahre das „Räuchermännchen" wäre, aus dem dann „Krippenfiguren" oder ähnliche Ensembles entwickelt werden können.

Für die Anwendung der Plattentechnik böte sich ein erster Ansatz beim Stövchen an. Hier wird die Wandung besser aus einem Tonstreifen als aus Wulsten hergestellt. Der Streifen wird noch vor dem Einrunden mit dem Messer teilweise ausgeschnitten und damit ornamental durchgearbeitet. Auch die Deckplatte wird leichter aus einer Tonplatte geschnitten, der nur ein Wulst hinterlegt wird, damit der Deckel rutschfest auf dem Korpus aufliegt. Wer weiter gehen will, denke etwa an den Bau kleiner oder auch größerer Häuser. Es lasssen sich ganze Siedlungen oder auch das eigene Traumhaus herstellen und dabei gleichzeitig die Plattenbauweise erlernen.

Bei der Herstellung von Vasen – insbesondere Bodenvasen – tritt das Problem des Glasierens auf. Prinzipiell handelt es sich dabei um Keramikerarbeit und nicht Plastisches Gestalten, weswegen es hier auch nicht aufgenommen wird. Wer auf einfachste Weise die Kapillaren im porösen, einmal gebrannten Scherben dicht bekommen will, der nimmt bei kleineren Gefäßen naturbelassene Milch, die in das Gefäß gefüllt wird. Die Milch dringt in die Kapillaren ein und säuert dann. Das dabei enstehende Kasein verstopft die Kapillaren – das Gefäß ist dicht – sofern es keine Trocken- bzw. Brennrisse aufweist.

Ton kann entweder – ohne Glasurbrand – in lederhartem Zustand mit käuflichen Engoben bemalt werden oder nach dem Brand mit fast jeder Farbe bemalt werden. Am besten haften Plakafarben, allerdings ziehen fast alle Farben so in den Scherben ein, daß nachträgliche Korrekturen nur durch erneutes Bemalen mit anderen Farben möglich ist.

KOPFPLASTIK AUS TON (AH S. 12/13)

Materialien

Gemagerter Ton (0,2 – 0,3 mm/25 %).

Arbeitsmittel

Saugfähige Unterlage, Drahtschlinge/Blumendraht, Kratze, Holzbrett/Modellierholz, Plastiktüte.

I. Sachinformationen

In diesem Abschnitt wird dem Inhalt gegenüber einer Unterrichtung in Material, Technik und Formgebung der Vorzug gegeben. Dies hat verschiedene Gründe, auf jeden Fall aber den, daß Schüler bei der Bearbeitung des Themas „Kopf“ deutlich Identifikationsakte vollziehen, selbst dann, wenn eine Selbstdarstellung gar nicht intendiert ist. Das Interesse an derartiger Arbeit ist daher stets sehr groß. Deswegen kann der Lehrer auch davon ausgehen, daß sich diese Themenstellung bei Schülern großer Beliebtheit erfreut.

Technische Voraussetzungen
Es wird vorausgesetzt, daß die Schüler schon Erfahrungen in plastischen Arbeitsweisen mit Ton gemacht haben. Es kann ebenso reizvoll sein, eine Kopfplastik in bildhauerischem Vorgehen – z. B. in Ytong – herzustellen. Nur sprechen beide Vorgehensweisen jeweils andere Modalitäten des Jugendlichen an. Der weiche Ton kommt sowohl seiner Korrigierbarkeit als auch der haptischen Qualitäten wegen dem Ausdruckswillen des Jugendlichen in einer besonderen Art entgegen. Wobei das Kopfthema im allgemeinen, und die in einer plastischen Vorgehensweise durchgeführte Arbeit im besonderen dazu geeignet ist, der Ichsuche des Jugendlichen in dieser Altersstufe zu entsprechen.
Die Herstellung eines Kopfes hat nicht nur psychologische Vorteile, sondern auch methodische. Das Interesse der Schüler besteht auch in dem Erfassen von Realität. Mit dem Thema „Kopf“ werden sie unmittelbar an ein Stück Realität herangeführt, das Gegenstand ihres Interesses in einer Altersstufe ist, in der sich die Gesichtszüge schnell verändern und sich das Bild eines jungen Erwachsenen herauszuschälen beginnt. So verlangt der Jugendliche dieser Altersstufe häufig nach einer „richtigen Darstellung“. Sie kann schnell mittels Proportionsskizzen erarbeitet werden. Dazu kommt, daß das Gesicht zwei Hälften besitzt. Es ist im Zweifelsfall also stets möglich, an einer Seite des Mundes, der Nase oder des Auges dem Schüler etwas praktisch zu zeigen, was er dann immer noch auf der anderen Seite des Gesichts von sich aus umsetzen kann und muß. Technisch gesehen ist ein Kopf vom plastischen Aufbau her eine eher gefäßartige Form, die weder eigens abgestützt werden muß, noch ein Gerüst braucht, wie etwa eine stehende Ganzfigur. Alle diese Gesichtspunkte sprechen dafür, das Thema „Kopf“ nicht auszulassen. Da es sich in allen bisher angesprochenen Ton-Techniken gut verwirklichen läßt, ist hier kurz zu begründen, warum im Schülerarbeitsheft der Aufbautechnik gegenüber der Vollplastik der Vorzug gegeben worden ist. Das vollplastische Arbeiten in Ton verführt dazu, Höhen und Tiefen nur durch Drücken zu formen. Sodann ist das Antragen von Ton an vollplastische Köpfe ihres kleinen Formats wegen schwierig, während es in der Aufbautechnik möglich ist, fast lebensgroße Köpfe anzufertigen und in einem zweiten Durchgang auch durchmodellieren zu lassen. Und letztlich müssen vollplastische Arbeiten noch ausgehöhlt werden, wobei die Gefahr groß ist, daß die diffizilen Teile des Gesichts (Nase, Mund, Augen) dabei beschädigt werden. Aus diesen Gründen ist es günstiger, das Thema Kopf – wenn schon mit plastischen und nicht mit skulpturalen Materialien – hauptsächlich in der Aufbautechnik auszuführen, damit die Ergebnisse auch gebrannt werden können.
Die Zeichnungen auf S. 12 (Abb. 12.1 bis 12.6) führen schrittweise in die Herstellung ein.

Gestaltungsmöglichkeiten
Schüler können Köpfe in drei Realitätsgraden gestalten: in der Art der Puppenköpfe aus der Kugel gedrückt, in der Art früher

Kopfplastik in Aufbautechnik fast lebensgroß, oder in der Art von Portraitbüsten, die nicht größer als 25 cm Höhe sein sollten. In den Oberflächen können die Werkspuren als Gestaltungselemente mit einkalkuliert werden oder es kann versucht werden, eine Glätte (und Spannung) der Oberfläche zu erreichen. Es lassen sich Strukturen aufbringen und Einzelteile applizieren. Hinzu kommt noch – besonders in älteren Gruppen – die Verfremdung eines Kopfes durch gelenktes Verformen, was der anregende Beginn einer Karikatur sein kann.

II. Anmerkungen ...

... zu den Aufgaben S. 12

Die erste Aufgabe ist eine sehr gute Einstimmung auf das Thema. Es werden handliche Tonbrocken ausgeteilt und zu einer Kugel geformt. In diese werden nun durch Eindrücken und Herausdrücken von Tonteilen Augenhöhlen, Mund und Nase geformt. Ohren können dann anmodelliert werden, dem Kopfteil kann eine Haarstruktur gegeben werden (Abb. 5, LH).

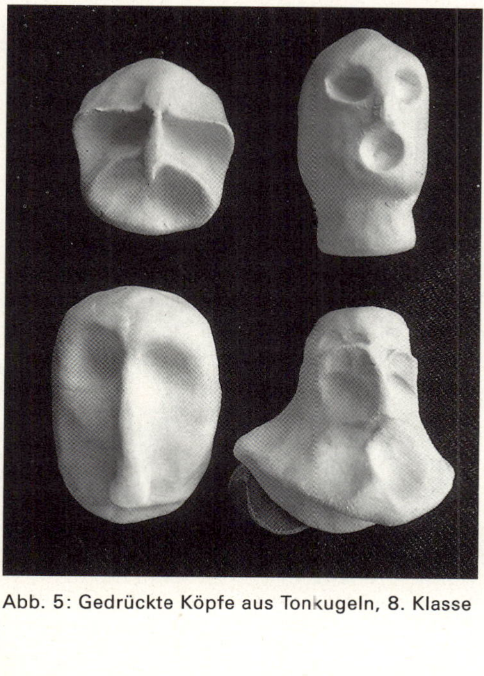

Abb. 5: Gedrückte Köpfe aus Tonkugeln, 8. Klasse

Damit diese Kopfstudie einen entsprechenden Stand bekommt, ist es möglich, einen Wulst als Halsteil anzusetzen. Den Schülern sollte während ihrer Arbeit deutlich gemacht werden, daß eine plastische Oberfläche durch das verschiedenartige Einwirken von Kräften entsteht. Alle technischen Details des Ansetzens von Ton und die Verwendung von Wasser müssen den vorangegangenen Kapiteln entnommen werden. Charakteristische Veränderungen werden durch das Ändern des Verhältnisses von Breiten- und Höhenmaßen (Abb. 12.1/12.2) erreicht. Der Gesichtsausdruck verändert sich durch das Verschieben der Mund- und Augenachse nach unten und oben (Abb. 6, LH).
Die zweite Aufgabe läßt sich technisch und formal aus dem bisher Gesagten im Schülerarbeitsheft bewältigen. Die inhaltliche Seite ließe sich durch Zusammentragen von ausgeschnittenen Bildern und deren Vergleich untereinander im Voraus motivierend einführen.
Die dritte Aufgabe entspricht dem Bedürfnis der Jugendlichen, nicht nur die Wirklichkeit, sondern auch die eigene Meinung dazu karikierend darzustellen. Nur sollte man hier nicht Köpfe erwarten, wie sie Messerschmidt in Wien oder Daumier in Paris geformt hat. Für den Schüler kommen einfachere Mechanismen in Frage, die meist bei der Übertreibung des einen oder anderen Gesichtsteils schon enden. Wer weiterkommen will, müßte verfahren, wie im letzten Abschnitt S. 12 vorgeschlagen. Ein Mittelding zwischen Sehnsucht und Kritik könnten Figurentypen sein, die aus Comics oder Phantasiewelten stammen. Auch ihre Vergrößerung kann zu sehr reizvollen und ausdrucksstarken Ergebnissen führen.

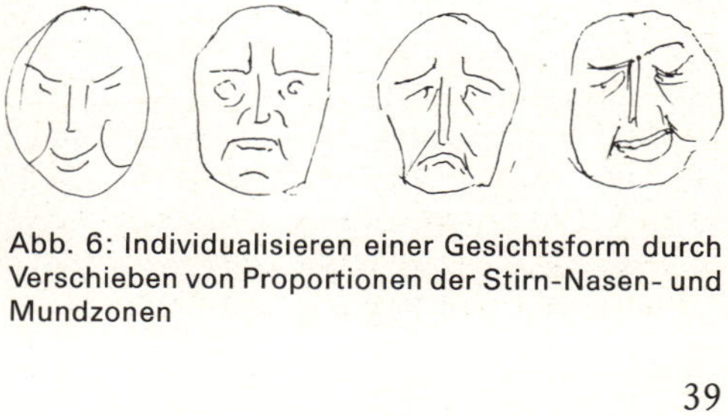

Abb. 6: Individualisieren einer Gesichtsform durch Verschieben von Proportionen der Stirn-Nasen- und Mundzonen

KOPFPLASTIK AUS TON

... zum Bildmaterial S. 13

Für das Thema Kopf findet sich eine Fülle von Anschauungsmaterial. Außerdem bietet die Kunstgeschichte ein reiches Angebot von Kopfplastiken mit sehr unterschiedlichen Auffasssungen, die von einer ganz abstrakten Form (Kykladenplastik 7. Jh. v. Chr./Brancusi 1910) über typische und idealisierte Köpfe (Ägyptische Kunst, klassisch-griechische und hellenistisch-griechische Zeit, Renaissance und Klassizismus), zu charakteristischen Köpfen (Spätgotik, Barock) und ausgesprochen individuellen Portraits (römische Porträtplastik 1. bis 3. Jh. n. Chr., 19. Jahrhundert) oder zu dämonischen Verzerrungen (afrikanische und südamerikanische Plastik, romanische Plastik, Moderne) oder auch Karikaturen (F. X. Messerschmidt, Ende 18. Jh., Serie der Büsten Daumiers zum Juliparlament, um 1830/35) führen.

Darstellungen bestimmter Personen, die sich in ihrem Leben verdient gemacht haben, kennen wir aus den letzten fünf Jahrtausenden, doch das, was wir heute und auch die Schüler unter „Ähnlichkeit" verstehen, gab es nur zu wenigen Zeiten (Römische Antike, Renaissance, Barock, 19. Jahrhundert). Diese Art des Porträts bekennt sich ohne weiteres zu einem bestimmten Vorbild, kann es in jedem Fall mit Namen benennen, will es aber nicht unbedingt zum Denkmal erheben, sondern sucht eher das Individuelle in der Erscheinung festzuhalten. Andere Zeiten ordneten dem idealisierten Kopf Namen zu (z. B. im alten Ägypten).

Die Bildauswahl S. 13 gibt einen sehr großen Kontrast wieder: die Maske (Abb. 13.1) ist ein Werk, das die wahre Kopfform verbirgt. Die realistische Büste (Abb. 13.2) ist die Portraitstudie eines französichen Philosophen und Dichters – also ein Werk, das den Wahrheitsgehalt eines Gesichtseindruckes eher aufdekken als verbergen möchte.

Die Maske stammt aus einer stark von umliegenden Kulturbereichen beeinflußten Epoche der punischen Völkerstämme. Die Portraitbüste ist das Werk eines Künstlers, der in der Tradition der französischen Aufklärung im Verlauf des 18. Jahrhunderts steht. Dementsprechend sind auch die Stilmittel gewählt, die den beiden Werken ihre unverwechselbare Form geben.

Die Maske stammt aus einem Kulturkreis, der traditionell über lange Zeiten hinweg der Tonarbeit verpflichtet war. Wie im Text S. 13 dargelegt, fallen die überdimensioniert herausgearbeiteten Wangenknochen mit dem fast eckig wiedergegebenen Jochbeinbogen auf. Die im Querschnitt eckig geformte Nase folgt dem Negativschwung der Wangen und ist breit ausgeformt. Der Mund stellt, besonders plastisch gearbeitet, einen merkwürdigen Gegensatz zur symmetrischen Symbolform der anderen Teile der Maske dar und ist der einzige Anhaltspunkt für ein lebendig wirkendes Formelement in dem sonst starren und ornamental gegliederten Gesamtaufbau der Maske. Eigentümlich mutet an, daß sie trotz vieler Holz- und Metallform-Erinnerungen aus Ton geformt ist. Sie kann nur in der Aufbautechnik hergestellt worden sein. Die meisten Teile sind aufmodelliert und dann in Form geschnitten worden. Diese technischen und stilistischen Uneinheitlichkeiten lassen auf eine Zeit des kulturellen Niedergangs eines sterbenden Volkes schließen.

Der französische Künstler Jean Antoine Houdon (1741–1828) wurde in der zweiten Hälfte des 18. Jahrhunderts in Frankreich berühmt. Dieses Jahrhundert ist sowohl das Jahrhundert tändelnder Rokokospiele an den Höfen der Fürsten, als auch eine Zeit, in der nicht nur die Aufklärung gegen die religiös-barocke Grundstimmung antritt und wissenschaftliche Forschung in unserem heutigen Sinne zu betreiben anfängt, sondern auch die Entdeckungen antiker Kulturen (z. B. erste Ausgrabungen von Pompei und Herculaneum) den Humanismusgedanken belebt und sich die Industrialisierung ankündigt. Die Gegensätze seiner Zeit hat der für derartig frische und unmittelbar aufgefaßte Portraitstudien und -büsten aus Ton und Gips berühmte Houdon in dem Bildnis Voltaires (1694–1778) zu einer Einheit verschmelzen können (1778). Nicht nur der Realismus bei der Wiedergabe von anatomi-

schen Details in Gesicht und Haartracht der Zeit ist zu bewundern, sondern auch die Verlebendigung der Gesichtszüge. Die Charakterisierung der Wesensart Voltaires, seine Scharfzüngigkeit, sein quicklebendiger und unabhängiger Geist ist meisterhaft wiedergegeben.
An der Büste ist erkennbar, daß es sich um ein Werk des Augenblicks handelt – noch sind die Werkspuren der Modellierarbeit in Ton nicht getilgt – und am Original sind auch noch die Spuren von sicher geführten Modellierhölzern deutlich zu erkennen. Es handelt sich aber nicht um eine eigenständige Arbeit, sondern um eine von vielen Vorstudien zu einem nationalen Denkmal des Philosophen, das der Künstler nach dem Tode Voltaires im Auftrag der französischen Krone 1778 als Sitzbild überlebensgroß in Marmor ausführte.

... zu den Aufgaben S. 13
Die erste Aufgabe ist beantwortet, wenn die Schüler darstellen, wie unterschiedlich die Intentionen der beiden Kopfdarstellungen sind.
Die zweite Aufgabe läßt sich durch genaues Eingehen auf die unterschiedlichen Oberflächen der beiden Kopfdarstellungen wenigstens annähernd lösen. Links ist es das Modellieren und sorgfältige Glätten, eben das „Maskenhafte", Emotionslose, das sich auch in der Technik ausdrückt; rechts ist es eine lebendiger Arbeitsstil, der Werkspuren offenläßt und den Vorgang des Arbeitens in einem sehr plastischen (hochgradig wasserhaltigen) Ton sichtbar werden läßt.
Die dritte Aufgabe ist gelöst, wenn neben der Unterscheidung Maske – Kopf die drei Stufen der Bildnisplastik verdeutlicht werden können (idealisierter Kopf mit Unsterblichkeitsanspruch; herrschaftliche Kopfdarstellunen mit Namensbezeichnung; Portraitkopf, d. h. Aussehen eines bestimmten Menschen zu einem bestimmten Zeitpunkt).

... zur psychologischen Situation
Es ist keine Frage, daß dem Jugendlichen mit dem Thema der Kopfdarstellung – wie alle anderen Altersstufen auf einer anderen psychologischen Ebene auch – geholfen werden kann, sein sich heranbildendes Selbstbewußtsein zu festigen. Dabei identifiziert sich der Jugendliche mit dieser Aufgabe oft so sehr, daß er ganz unbewußt Wesensbilder seiner selbst herstellt. Es ist deswegen auch nicht ratsam, sogleich am Anfang mit einer Belehrung über die anatomischen Bedingungen des Kopfaufbaus zu beginnen, sondern besser, dem Schüler in seinen Wünschen zu folgen. Jedenfalls sagen die von ihm hergestellten Köpfe in Aufbautechnik sehr viel über ihn selbst aus, wenn man die Zeichen lesen kann. Die Schüler neigen in ihrem Entwicklungsprozeß immer mehr zur Darstellung eines Portraits, also ihres Bildnisses im jetzigen Zustand, auch deswegen, weil der individualisierte Kopf- und Gesichtsausdruck sich von anderen absetzt. Der Lehrer kann mittels des Themas „Kopf" deutlich den Willen des Jugendlichen erkennen, an sich selbst auf diesem Wege heranzukommen. Dies schließt nicht aus, daß er sich nach den – seiner Meinung nach – mißlungenen Versuchen (die aber meist nur nicht das ideale Bild treffen, das er von sich selbst hat) allen weiteren Versuchen widersetzt. Hier hilft in der Regel nur das Umschwenken auf ein ganz anderes Material (z. B. Ytong, siehe S. 80, LH).

III. Unterrichtsvorschläge

Das Thema „Kopf" läßt sich auf ungemein vielseitige Art bearbeiten. Hier sind lediglich Möglichkeiten im Bereich Ton, einschließlich ihrer Vorbereitung angesprochen.

Anmerkungen zur Abfolge der Unterrichtsschritte
Erster Schritt mit verschiedenen Einstiegsmöglichkeiten
Wer mit der Lerngruppe schon in Ton gearbeitet hat, beginnt am besten mit dem ersten Abschnitt des Textes auf S. 12. Wer hingegen mit diesem Thema alle Aspekte des plastischen Arbeitens greifen will, fängt am besten

mit einer praktischen Übung an, wie sie in der ersten Aufgabenstellung S. 12 angesprochen worden ist. Anschließend vergleichen die Schüler ihre Arbeiten. Sicherlich gibt es sehr unterschiedliche Lösungen, wie Karikatur, Realitätsnähe oder Nachahmung von Phantasiespielzeug. Um sich diese Gruppierungsmöglichkeiten bewußt zu machen, wird nun auch bei diesem Einstieg der erste Abschnitt des Textes, S. 12, gelesen und zur Klassifizierung der eigenen Werke verwendet.

Zweiter Schritt

Nehmen wir an, die Schüler haben sich dahingehend entschieden, daß die meisten lernen wollen, einen „wirklichen Kopf" zu modellieren. Dann wird im Arbeitsheft der zweite Textabschnitt mit Abb. 12.1 und 12.2 bearbeitet. Um der reinen Anschauung eine sichere und erfahrungsreiche Basis zu geben, wird der Kopf zunächst gezeichnet. Die Schüler erarbeiten, vielleicht unter Einbeziehung von Beobachtungen an sich selbst (Spiegel mitbringen lassen), an ihren Klassenkameraden oder an Großfotos aus Illustrierten auf DIN A3/4 mit Bleistift oder Kreide einen Kopf, der aus dem Anschauungsmodell diejenigen Proportionen austragen soll, die in den beiden Zeichnungen angegeben sind. Dies macht zunächst Schwierigkeiten, allein schon deswegen, weil alle sich bisher im Spiegel nur flächig gesehen haben. Die Schüler müssen also lernen, zwischen dem ganzen Kopf (Haupt), dem (Hinter-)Kopfteil und dem Gesichtsteil zu unterscheiden (vgl. Abb. 12.1). Dabei ist es für die meisten nicht leicht, hinter dem optisch Sichtbaren Proportionierungsaspekte zeichnerisch zu verwirklichen, da diese ein abstrahierendes, formales und nicht begrifflich-gegenständlich bezogenes Denken erfordern. Es kommt daher auch nicht auf eine gute Kopfzeichnung an, sondern die Zeichnung soll die Schüler motivieren, hinzuschauen und Aufbaugesetzmäßigkeiten zu erkennen.

Dritter Schritt

Wem dies nicht ausreichend erscheint, um Schüler zu einer plastischen Auffassung des Kopfes anzuregen, der kann zusätzlich zum Zeichnen auch einen plastischen Modellkopf schneiden lassen. Dazu formen die Schüler einen Kopfteil und einen Gesichtsteil wie in Abb. 12.1 als zwei Ellipsoide und drücken diese beiden Teile so ineinander, daß die Kopfform durch Aneinanderquetschen der beiden Teile erreicht wird. Nun werden schrittweise entsprechend der hier gegebenen Skizzen die Höhen (Nase, Jochbein, Augenbrauenbogen, Kinn) stehengelassen und die Tiefen (Augeneinschnitte, Mundwinkel) herausgeschnitten (Abb. 7, LH).

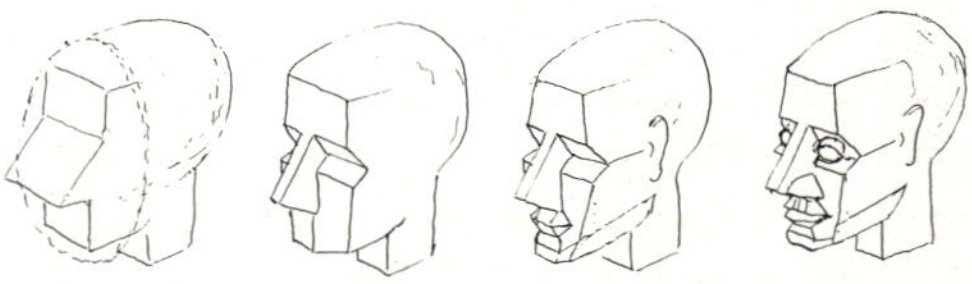

Abb. 7: Schneiden eines plastischen Modellkopfes

Der Lehrer sollte die Schüler dazu anhalten, die Schnittstellen als Kanten und Flächen zu belassen. Auf diese Weise bekommen die Schüler ein Gefühl für die räumliche Lage der Gesichtsteilflächen. Anschließend werden die Augäpfel als Kugeln geformt und in die geschnittenen Schlitze eingedrückt, die Augenlider nachträglich als kleine (Lid)Lappen aufgesetzt und nach hinten leicht verstrichen. Der Mund ist plastisch ein flacher Kegel. In ihn wird ein Einschnitt gemacht und die Kanten mit dem Messer nach oben und untern aufgebogen. In Oberstufenklassen ließe sich das Modell solange ausdifferenzieren, bis die Schnittflächen und -kanten langsam eine durchgehende plastische Gesichtsoberfläche bilden.

Vierter Schritt

Nun beginnt die Arbeit in der Aufbautechnik. Es ist darauf zu achten, daß insbesondere bei Schulter- und Halspartie die Wulste nicht zu dünn geformt werden, da sie im nassen Zustand das Gewicht des Kopfes halten sollen. Am Übergang von Hals zu Kinn sackt der Kopf häufig nach, deswegen können innen einige Verstärkungswulste oder sogar Stützwände angebracht werden (Abb. 12.3).

Beim Erarbeiten der Kopfform haben viele Schüler Schwierigkeiten, den Wulstverlauf nach innen zu legen, damit die Form wieder schmäler wird. Wenn die Köpfe immer größer und größer werden, wird am besten mit dem Draht ein Teil des Aufgebauten wieder abgeschnitten und erneut geübt, die Wulste mehr nach innen geneigt zu legen. Nur die grob hervorstehenden Formen, wie die Nase und die tiefen Höhlungen der Augen sollten beim Grobaufbau Berücksichtigung finden (Text S. 12, 4. Absatz und 12.4).

Fünfter Schritt

Erst nachdem die Grobform sich gefestigt hat, kann an die feinere Ausarbeitung der vielen Details gegangen werden. Um eine gestraffte Großform zu erhalten, kann die huckelige Wandung mit einem Kantholz geglättet werden. Sowohl das Kinn als auch die Mundmuskulatur, Augäpfel und Augenlider müssen auf- bzw. angesetzt werden, wobei das Aufrauhen der Flächen vor dem Ansetzen und das „Eindrehen" der Tonteile in die Wandung nicht vergessen werden darf (Text S. 12, 5. Abschnitt, Abb. 12.5 und 12.6). Auf eine luftblasenfreie Bindung des Tons auf der gesamten Fläche sollte geachtet werden.

Eine der Hauptschwierigkeiten ist nach wie vor, dem Schüler einsichtig zu machen, daß die Gesichtsform keine Fläche wie im Spiegel, sondern ein höchst plastisches Gebilde ist, das – ausgehend von der Mittellinie – nach beiden Seiten hin in die Tiefe fluchtet. Um dieser Einsicht nachzuhelfen, gibt es manchen Trick – wie z. B. das Begreifen des eigenen Gesichts in ungewohnten Richtungen (z. B. Finger an die Nasenwurzel legen und mit dem offenen Handballen in Richtung Ohr abrollen) oder auch, den Klassenkameraden von schräg oben ausgiebig zu betrachten oder – was ideal, aber leider keineswegs selbstverständlich ist – eine Gipsbüste aufzustellen, an der jeder seine eigenen plastischen Studien machen kann. Jedenfalls aber sollten die Proportionsskizzen Abb. 12.1 und 12.2 an der Tafel oder im Arbeitsheft während der Bearbeitung gewärtig sein.

Oft sind Jugendliche dieser Altersstufe daran interessiert, besonders ausdrucksstarke Köpfe anzufertigen, was sie dann „Karikatur" nennen.

Hierfür eignet sich Ton in Aufbautechnik – aber allerhöchstens in Halblebensgröße hergestellt – am besten, weil das Gesicht beliebig durch Drücken an den verschiedensten Stellen verformt werden kann. Es ist durchaus angebracht, vorher an der Tafel wenigstens einige grundsätzliche Verschiebungen der Gesichtszüge bei emotionaler Erregung durchzusprechen.

Anmerkungen zur Unterrichtsorganisation

Tonarbeit ist, wie schon erwähnt, durchaus eine Klassenzimmertechnik, wobei die Arbeit in einem Werkraum vieles erleichtern kann. Dennoch gibt es fast keine Probleme während der Arbeit an den Kopfplastiken im Klassenraum. Oft sind diese Räume aber sommers wie winters zu warm. Dann trocknet der Ton, von dem jeder Schüler einen kleinen Vorrat an seinem Platz haben sollte, zu schnell aus. Deswegen sollen die Schüler Plastikfolie und einen feuchten Lappen mitbringen, der über den Tonvorrat gebreitet wird, solange er nicht benötigt wird.

Es ist sehr hilfreich für den Fortgang der Arbeit, wenn in der ersten Doppelstunde alle Schüler mit der Grobfassung ihres Kopfes soweit kommen, daß er bis zum Nasenansatz, mindestens aber der Kinnansatz (Abb. 12.3) erarbeitet ist.

Schwieriger ist manchmal die Aufbewahrung der relativ großen Köpfe. In der Klasse werden am besten drei Tische an verkehrstechnisch günstiger Stelle aufgestellt. Es ist möglich, Schüler zu einem vorsichtigen Umgang mit ihren und den Arbeiten der anderen zu bringen. Sorgfältiges Einwickeln in Plastikfolie/-tüten ist selbstverständlich.

Anregungen für die Weiterarbeit

Sollten die Schüler die Aufbautechnik schon zu Genüge kennen, bietet sich für eine hohl aufgebaute Kopfplastik noch eine andere technische Möglichkeit, der sogenannte Kammerbau (Abb. 8, LH).

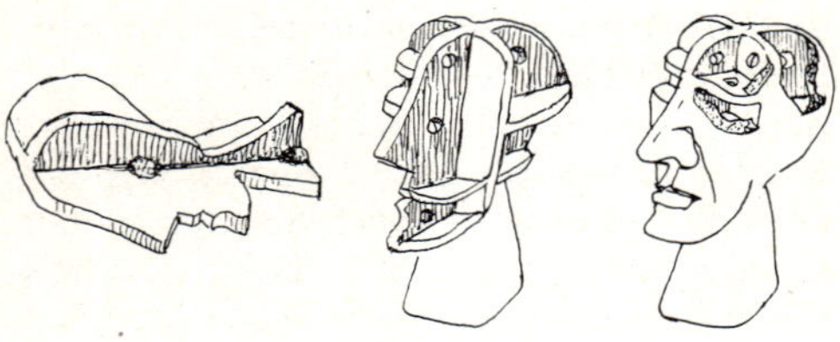

Abb. 8: Aufbau eines Kopfes aus Ton in der Kammerbauweise

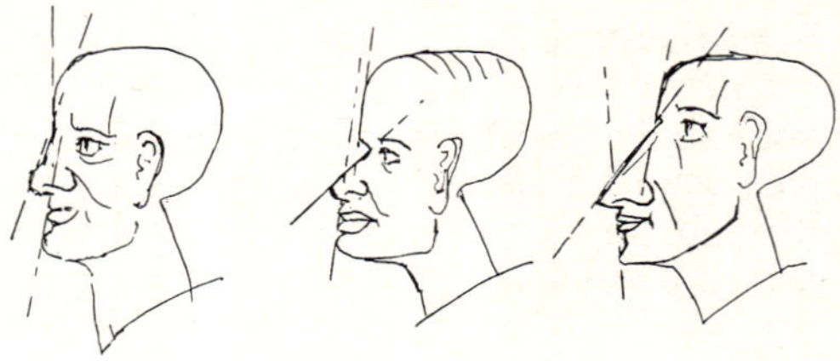

Abb. 9: Individualisieren eines Gesichts durch Verändern von Winkelverhältnissen der Profilkonturen

In diesem Fall werden nicht zu dünne Tonplatten angefertigt. Aus einer wird das Profil eines Kopfes einschließlich des Gesichtsprofils geschnitten. Dann wird die Umrißfläche der Vorderansicht aus einer anderen Platte geschnitten und zur Hälfte geteilt. Eine Hälfte wird an die noch liegende Profilplatte angefügt, die Naht sorgfältig verarbeitet und in den Winkeln verstärkt. Nun kann das ganze Gebilde aufgestellt werden, weil es jetzt in sich hält. Anschließend montiert man die andere Seite der Vorderansicht. Schließlich werden noch zwei oder drei Profilviertel (vgl. Zeichnung 8, LH) in die Winkel eingefügt, so daß nun ein festes Innengerüst des Kopfes aus Tonplatten vor einem steht. Jetzt muß nur noch die Oberfläche des Kopfes mit eingepaßten Teilplatten geschlossen werden und die Grobform der Kopfplastik ist fertig. Dann verfährt man mit den Details wie im zweiten Durchgang der Aufbautechnik. Unbedingt muß allerdings darauf geachtet werden, daß jede der entstandenen Kammern durch eine Öffnung Verbindung zur Außenluft erhält. Beim Brennen dehnt sich die Luft in den Kammern aus und würde diese auseinandersprengen.
Damit ein Kopf charakteristische, d. h. wiedererkennbar ähnliche Züge erhält, muß den Schülern verdeutlicht werden, daß dieses nicht durch das Abformen von Details geschaffen werden kann. Als erstes müssen die Proportionen stimmen, was sich leicht druch eine Skizze, wie hier vorgeschlagen, an der Tafel verdeutlichen läßt (Abb. 9, LH).

Zum Schluß werden die zwei zuvor spiegelverkehrt geformten Ohren angesetzt und der Verlauf der Haargrenze genau studiert und entsprechend aufgesetzt. Die Schüler arbeiten in dieser Phase in der Regel mit großem Ernst und viel Konzentration – allerdings muß auch der Lehrer etwas vom Aufbau des Kopfes und seinen plastischen Eigenheiten wissen, um zielsicher helfen zu können.

Materialien

Stuck- oder Modellgips, Wasser, Zeitungspapier als Unterlage

Arbeitsmittel

Gipsbecher, Gipsspachtel, Messer, zwei bis vier Scheuerlappen, zweites Paar Schuhe

I. Sachinformationen

Technische Voraussetzungen
Gips wird im Handel als ein pulverförmiges Material angeboten. Es stammt von einem farblosen Mineral ($CaSO_4.2H_2O$), das als Gipsgestein in mächtigen Schichten vorkommt, abgebaut und bei ca. 280 bis 300 Grad gebrannt wird. Hierbei entweicht die H_2O-Gruppe zum Teil (Anhydrit), und das Material wird wasser- und feuchtigkeitsempfindlich. Ein ebenfalls zu Plastiken verarbeitetes Material, der Alabaster, ist kristalliner Gips, der wetterbeständig ist, aber beim Erhitzen zu Pulver zerfällt.
Setzt man dem gebrannten Gips wieder Wasser zu, härtet dieser in einem chemischen Prozeß wasserunlöslich zu einem festen, nicht frostbeständigen, brüchigen Material, das sich schneiden, sägen, kratzen, schleifen, mit dem Meißel abprellen und mit Gipsraspeln bearbeiten läßt. Die fein geschliffene Gipsoberfläche kann bemalt und nach entsprechend guter Grundierung poliert werden.
Beim chemischen Abbindeprozeß durchläuft der Gips verschiedene Phasen.
In der ersten Phase ist das Gemisch von Wasser und Gips an der Oberfläche glänzend und flüssig. In diesem Zustand ist der Gips für alle Gießarbeiten hervorragend geeignet.
In der zweiten Phase zieht der Gipsabbindeprozeß das restliche Wasser an, die Oberfläche wird stumpf. Jetzt ist der Gips besonders für Ausbesserungsarbeiten kleinen Ausmaßes geeignet, muß aber unbedingt vor Erschütterungen bewahrt werden und darf nicht mehr gerührt werden. Der sog. „totgerührte" Gips härtet nicht aus. Er fällt nach dem Trocknen wieder in Brösel auseinander.
In einer dritten Phase zerfließen Ritzspuren im Gips nicht mehr – er ist aber dennoch weich und pampig. Jetzt läßt sich mit dem Gips am besten die Modellierarbeit verrichten (Gipsantragsarbeit) – auch deswegen, weil nun die angetragenen Gipsplacken sich nicht mehr von selbst verformen, aber in fast jede Form gebracht werden können. In einer letzten Phase wird der Gips plötzlich bröckelig und später warm (Hydrationswärme). Jetzt ist er für jede weitere Verarbeitung ungeeignet.
Gips bindet nur so viel Wasser, wie er als Kristallwasser aufnehmen kann. Deshalb dürfen Gipsbecher und -gerät auf gar keinen Fall vor dem Aushärten im Waschbecken abgespült werden. Der noch bewegliche Gipsbrei legt sich an den Wandungen der Wasserröhren fest und es dauert nicht lange, bis alle Ausflußrohre mit Gips zugesetzt sind. Deswegen werden die Gipsbecher immer solange stehen gelassen, bis der Restgips hart geworden ist und durch einen Druck auf die Wandung abgesprengt werden kann. Wer zügig modellieren will, braucht mindestens drei Gipsbecher, die umschichtig benutzt werden.
Beim Härtungsprozeß vergrößert die Masse ihr Volumen um ca. 1 %. Da der Gips wenig dehnungsfähig ist, bricht er schnell. Deswegen müssen in Werke, die ein Ausmaß von ca. 50 cm übersteigen oder dünne Bereiche aufweisen, auf jeden Fall Eisenstäbe oder Drahtgitter (Armierungen) mit eingegossen werden.
Gips(pulver) kommt in sehr verschiedenen Ausführungen in den Handel, da er in den unterschiedlichsten Berufszweigen verwendet wird. Grundsätzlich sollte man zwischen Naturgips und sog. chemischen Gipsen unterscheiden, da sie sich vermischt schlecht verarbeiten lassen. Der im Bau- und Hobbybereich jedem zugängliche Naturgips kommt in drei Güteklassen in den Handel: als Baugips, Stuckgips (Hobby- oder Universalgips) und Modellgips (Alabastergips).
Der Baugips hat oft grobe Verunreinigungen und ist für plastische Arbeiten nicht zu verwenden. Der Stuckgips ist feiner gemahlen

und kann bei plastischen Arbeiten gut als Füll- oder Formmaterial verwendet werden. Die feinste Sorte ist der Modellgips, der für feine Bildhauerarbeiten zu empfehlen ist. Abgebundener Gips läßt sich bei durchgehendem Vorwässern wieder mit Gipsbrei aneinanderfügen. Dabei sollte die Fuge einseitig mit flüssigem Gips beträufelt und das Bruchstück senkrecht auf die Bruchstelle aufgestellt und absolut in Ruhe gelassen werden. Das Anhalten von Stücken oder das Kleben mit anderen Klebstoffen nützt kaum etwas. Die beste Möglichkeit, Gips auch im trockenen Zustand aneinanderzufügen oder Fehlstellen in trockenem Gips auszubessern, ist ein angerührtes Moltofill. Soll anschließend glatt geschliffen werden, ist es allerdings nicht ganz leicht, beide Materialien im etwa gleichen Härtegrad herzustellen, damit keine Fugen entstehen.

Gestaltungsmöglichkeiten

Mit dem Material Gips lassen sich die grundsätzlichen Arbeitstechniken der Bildhauerei und Plastik sehr gut demonstrieren. Man sollte sich aber im Voraus darüber im Klaren sein, daß einige Arbeitstechniken ausschließlich in nassem Gips, andere mit getrocknetem Gips auszuführen sind. Nicht selten muß ein fortwährender Wechsel von naß zu trocken und umgekehrt in Kauf genommen werden, soll eine präzise Arbeit geleistet werden.

1. Modellieren: Arbeiten in der sogenannten Gipsantragsarbeit = antragen und wegnehmen mit Spachtel/Kratze, Gipsraspel in nassem Gips. Eine brauchbare Themenstellung wäre z. B. eine Figur in einer besonders raumgreifenden Haltung (z. B. lockeres Sitzen auf dem Boden) in Draht vorzubiegen, mit Füllstoffen, wie geknüllter Zeitung oder in Gips getauchten Stoffetzen, umhüllen und Gips im halbflüssigen Zustand mittels Spachtel antragen. Die Arbeitsspuren bleiben besser erhalten. Wer genaue Formen erreichen will, sollte diese durch Antragen immer kleinerer Mengen zu erreichen versuchen. (Orientierungswerke: Plastiken der Spätphase von Giaccometti)

2. Bildhauern: Arbeiten mit dem Meißel/Stemmeisen etc. an vorher voll gegossenen und getrockneten Gipsblöcken. Eine brauchbare Themenstellung wäre z. B. eine ganz geschlossene, blockartig auf dem Boden sitzende Figur, die aus einem fast quadratischen Block geschlagen wird (Orientierungswerke: Brancusi: Der Kuß; Laurens: Kniende; Wotruba: Hockender)

3. Gießen: das Ausgießen mit Gipsbrei von Negativformen, die nach dem Erhärten des Gipses entweder als verlorene Form abgeschlagen oder als Stückformen abgenommen und wiederverwendet werden können. Problematisch ist das richtige Isolieren der nassen Gipsnegativform. Die einfachste Isolierung erreicht man mit Tonschlemme. In der Schule hat sich eingebürgert, Niveacreme zu nehmen, doch sind alle Fette für das Auseinandernehmen von Formen denkbar ungeeignet. Das beste ist, die Form mit dem Schaum echter Kernseife zweimal einzupinseln und auftrocknen zu lassen. Es blldet sich eine chemische Oberflächenschicht, die hervorragend isoliert.
Eine brauchbare Themenstellung könnte sein, den Namen als Relief in Ton positiv modellieren oder in Gips negativ einkerben zu lassen, um über einen entsprechenden Abguß an ein Positiv zu gelangen.

4. Collagieren: angefeuchtete Gegenstände so in flüssigen Gips tauchen, daß die Materialoberfläche und die Form der Gegenstände weitgehend erhalten bleibt und vor dem Abbinden des Gipses auf einer Platte arrangieren (Zur Weiterarbeit siehe S. 18).

5. Montieren: Gipsreste und -teile sowie andere Materialien wässern und mit flüssigem Gips und Armierungen untereinander verbinden (Zur Weiterarbeit siehe S. 20).

II. Anmerkungen ...

... zu den Aufgaben S. 14

Die erste Aufgabe dient dazu, dem Schüler die Besonderheiten des Materials Gips noch einmal deutlich vor Augen zu führen. Die vier „Grundsätze“, um mit Gips zufriedenstellend arbeiten zu können:

1. Weil Gipspulver Wasser so begierig anzieht, daß es beim Eingießen von Wasser in Gipspulver nicht genug bekommen kann, backt es aneinander und ist nicht zu gebrauchen. Umgekehrt findet das Gipspulver immer ein Überangebot an Wasser vor.
2. Der chemische Umwandlungsprozeß beginnt in dem Augenblick, in dem Wasser und Gips zusammenkommen – nicht erst, wenn im Becher umgerührt ist oder gar eingegossen. Je weiter der Vorgang vorangeschritten ist, desto ruhiger muß der Gipsbrei gehalten werden, sonst bindet er nicht ab.
3. Umgekehrt bindet Gips, wenn er in Ruhe gelassen wird, auch unter Wasser ab. Dies geschieht z. B., wenn noch nicht abgebundener Gips mit Wasser in Rohrleitungen gespült wird.
4. Die Isolierschicht muß wasserlöslich und luftdurchlässig sein, was entweder mittels Schutzschichten aus Ton, Seifenschaum, Schellack oder Metallfolie, aber nicht bei Fett gewährleistet ist.

Die zweite Aufgabe erfordert Umsicht im Eingießen des Gips in einen vorbereiteten Pappkarton, da er durch den Druck des Breis auseinandergedrückt wird. Nach dem Abbinden läßt sich die durchnäßte Pappe einfach ablösen. Im nassen Block läßt sich schlecht arbeiten. Ist er trocken, bearbeitet er sich wie ein sehr weicher Stein. Am besten nimmt man dazu ein Zahneisen.

... zum Bildmaterial S. 14/15

Die Abbildungen 14.1 bis 14.4 zeigen Handgriffe bei der Gipszubereitung. Abbildung 14.5 zeigt schematisch einen Schnitt durch eine Figur mit Stückformmantel. Es soll deutlich werden, daß für jede untergriffige Form (Taille) besondere Formstücke angefertigt werden müssen, die beschrieben werden sollten. Für die Schule ist dieses Verfahren allerdings zu aufwendig. Die beiden Bilder auf S. 15 sollen einen Einblick in die beiden Grundmöglichkeiten der Verwendung von Gips als plastischem Material des Bildhauers geben: die Reproduktion plastischer Formen in Gips (Abb. 15.1) und die Produktion plastischer Formen mit Gips (Abb. 15.2).

Das linke Bild gibt einen Einblick in das Atelier des Bildhauers Rainer Hagl wieder. Hagl ist 1947 geboren, hat bei dem österreichischen Bildhauer Fritz Wotruba assistiert und arbeitet jetzt als Dozent für Zeichnen und plastisches Gestalten and der Universität Bielefeld. Sein Stil kann als Kombination der Neoklassik mit symbolischen Ausdruckswerten umschrieben werden. Hagls Grundthema ist die menschliche Figur, deren räumliche Eingrenzung im realen Leben für ihn durch den Torso symbolische Form annimmt. So bedeutet ihm z. B. das Fehlen der Arme in der abgebildeten Figur des Schreitenden „Eingeschränkheit" des persönlichen Aktionsraums.

Das Bild gibt einen Einblick in sein Atelier, in dem die drei wichtigsten Bereiche des Arbeitens mit Gips zu sehen sind. Im Vordergrund steht auf einer Arbeitsplatte eine Plastik aus Gips, die als Modell für einen Bronzeguß dienen soll. Von diesem „Positiv" werden in der Gießerei Negativformen abgenommen, die für den Bronzeguß gebraucht werden. Diese Negativformen der Plastik werden auch „Mantelform" genannt. Die „Kernform" füllt die Volumen der Plastik aus. Sie ist nur um so viel kleiner als das Original, wie die Wandung der Bronze dick werden soll. Bronze läßt sich über 4 bis 5 cm Dicke nicht mehr einwandfrei gießen, weil sie sich dann beim Erkalten unkontrollierbar zusammenzieht und Beulen (Lunker) bildet. Deswegen ist jede größere Bronzeplastik auch hohl gegossen. In den allermeisten Fällen wird die Bronze nach dem Guß noch bearbeitet, d. h. „ziseliert" und anschließend getönt, d. h. „patiniert". Der fertige Bronzeabguß eines Torsos der Gipsfigut steht, mit dem Rücken zum Betrachter, rechts auf einem kleinen Podest. Im Vergleich läßt sich gut abschätzen, welche Wirkungsveränderungen eine Plastik durchmacht, wenn sie von Gips in Metall umgegossen worden ist. Zwischen den beiden Figuren sind im Hintergrund noch andere Gipspositivformen zu sehen. Halb verdeckt durch die Arbeitsplatte, erkennt man einen in Gipsantragsarbeit begonnenen Kopf einer Plastik. Deut-

lich lassen sich noch die Abdrücke des Gipsspachtels beim Antragen von breiigem Gips ausmachen.
Das rechte Bild zeigt eine Bronzeplastik des italienischen Bildhauers Alberto Giaccometti aus seiner späten Zeit. Zu der etwas merkwürdig verschobenen Kopfform gelangte Giaccometti durch die Beobachtung von Menschen, die sich in der prallen Sonne bewegen. Influenzerscheinungen verändern dabei das gesehene Bild einer Form, verzerren und reduzieren es – eine Erscheinung, die jeder kennt, der schon einmal Gegenlichtaufnahmen von Personen gemacht hat. Zu der Oberfläche der hier abgebildeten Kopfplastik und anderer Figuren ist Giaccometti gekommen, als er ein Drahtgestell, bzw. ein Drahtgeflecht langsam und sehr gezielt mit breiigem Gips bekleckerte, bis die für ihn akzeptable Form in Erscheinung trat. Nur an wenigen Stellen ist Spachtelarbeit zu entdecken. Da hier die Eigenheit des Materials selbst, das Herunterlaufen, das Kleckern und Modellierbare des Gipses im Zeitraum des Abbindeprozesses die Oberflächenform ergibt, kann diese Plastik als Prototyp für einen kreativ-produktiven Umgang mit dem Material Gips herausgestellt werden, obwohl es noch andere Möglichkeiten des kreativen Umgangs mit Gips gibt, wie z. B. der nur gespachtelte Kopf auf der linken Abbildung zeigt. (Vergleiche auch das, was zu Gipscollage und zur Objektarbeit im Arbeitsheft angemerkt wird.)

... zu den Aufgaben S. 15

Mit der ersten Aufgabe sollen die Schüler dazu angehalten werden, zwischen Originalmaterialien wie Holz, Stein und Ton und den reproduktiven Gußtechniken (Bronze, Kunststein, Gipsabguß) zu unterscheiden. Jedem Guß liegt immer ein Modell in einem anderen – manches Mal auch dem gleichen – Material zu Grunde, was z. B. bei mitgebrachten Plastikspielzeugen sehr gut kontrolliert werden kann. Meist sind dort aus Kostengründen die Gußnähte nur oberflächlich beseitigt, die Oberflächen nicht ziseliert, so daß sogar Anzahl und Gestalt der Negativstückformen rekonstruiert werden könnte. Die gelingt auch bei Nachgüssen von Gipsmodellen verstorbener Künstler (z. B. Rodin, Barlach), wo aus Gründen der Originaltreue nicht ziseliert wird. Natürlich gehören auch alle Collage- und Objektplastiken in den originalen Bereich von Plastik. Die Bildunterschriften geben darüber jeweils Auskunft. Die Aufgabe ist gelöst, wenn z. B. Abb. 7.1, 9.1, 15.2, 21.1, 25.1–3, 29.1/2, solchen wie Abb. 19.1, 23.1, 32.2–4, 33.1, 34.1, 35.1–4 und 37.1 begründet gegenübergestellt werden können.
Die zweite Aufgabe bezieht sich auf die doppelte Funktion des Materials Gips als originales Material und als notwendiges Zwischenglied bei der Herstellung eines Gusses. Da diese Abfolge für alle Gußprodukte von der Kunststoffschale eines Küchengerätes über Automodelle im Spritzguß und die Zylinderblöcke bei Motorrädern bis zu Türklinken und künstlerischen Plastiken in Gebrauch ist, kann es nicht schaden, sich eine Vorstellung vom Entstehen dieser Teile zu bilden. Die richtige Aufzählung müßte heißen:

- Herstellung eines Modells (Positiv)
- Herstellen der Mantelform (Negativ) als Stückform oder verlorene Form
- Herstellen der Kernform
- Zusammenbau der Gußform
- Guß
- Entfernen der Mantel- und Kernform
- Ziselieren
- Patinieren

Wer die Chance hat, in der Umgebung eine Gießerei zu besuchen, sollte dieses tun. Dabei kann er drei Möglichkeiten antreffen:
1. Industriegießerei – hier werden Werkstücke gegossen, die nicht unter- oder hintergriffig sind, z. B. ein Zylinderblock (siehe Relief Abb. 16.3).
2. Kunstgießerei – hier werden auch komplizierte hintergriffige Formen gegossen;
3. Glockengießerei – hier werden Glocken gegossen.
Da dieser Guß noch bis heute in Senkgruben stattfindet, wie dies Schiller in seinem Gedicht „Glocke“ anschaulich darlegt, ist von der Form während des Gusses nichts zu

sehen. Auch muß das Metall ca. 3 bis 4 Tage erkalten, bis die Grube ausgeschaufelt werden kann. Dennoch ist ein Glockenguß ein Ereignis, das niemand so schnell vergißt. Wer es in der Klasse vorbereiten will, greife ruhig zu Schillers Gedicht „Die Glocke“ – der Dichter hat damals sehr gut und mit Sicherheit vor Ort recherchiert – allerdings wartete auch er nicht die drei Tage, bis die gegossenen Glocken zutage kamen: sein Gedicht hört mit dem vollendeten Guß auf.

III. Unterrichtsvorschläge

Zur Abfolge der Unterrichtsschritte
Die Einführung in die Eigenheiten des Materials Gips sollten stets vor jeder Arbeit mit Gips stehen. Der Text wird abschnittweise mit Gesprächen über die Aussagen der einzelnen Abschnitte und den Sinn der Abbildungen 14.1 bis 14.4 gelesen. Nur wer an den reproduktiven Techniken interessiert ist, sollte auch die Abbildung 14.5 gründlich bearbeiten und die Begriffe „Verlorene Form“ und „Stückform“ an Hand der beiden Schnittzeichnungen einer Gußform erklären lassen. Ausgangspunkt ist dabei immer die bei Güssen unausweichliche Notwendigkeit, das Modell (Positivform) aus der Mantelform (Negativform) herausnehmen oder entfernen zu können, um Platz für das original einzugießende Material zu erhalten. Deswegen muß jede Form in irgendeiner Weise geöffnet werden können oder – wie beim Wachsschmelzverfahren – die Positivform aus Wachs wegschmelzen können.

Anmerkungen zur Unterrichsorganisation
Gipsarbeit braucht Umsicht in der Organisation der Arbeitsabläufe – ähnlich denen beim Drucken. Empfehlenswert ist es, rechts der Wasserstelle (Becken) auf Plastikfolie oder dreifachen Lagen von Zeitungspapier den Gipssack entweder auf dem Boden oder einem Hocker aufzustellen und daneben mehrere Flächen vorzubereiten, an denen der Gips in das Wasser eingestreut oder mit ihm vermischt werden kann. So ist dem Ablauf Becher mit Wasser anfüllen, Gips einstreuen, Umrühren Genüge getan. Eingegossen wird grundsätzlich am Arbeitsplatz, der ebenso mit Zeitungen ausgelegt sein muß. Dies hat den Vorteil, daß beim Saubermachen jeder (und der Ordnungsdienst an der Gipsausgabe) nur die Zeitungen hochnehmen und nach innen zusammenzuknüllen braucht, wobei kein Gips verstreut wird. Dennoch kann nicht vermieden werden, daß Gipsstaub oder -teile auf den Boden fallen, so z. B. beim Entfernen der Formschalung oder ähnlichem. Deswegen bleibt die Isolation des Raumes von den anderen Räumlichkeiten der Schule eine zwingende Notwendigkeit. Eine „Gipsschleuse“ läßt sich leicht durch nasse Wischlappen vor der Ausgangstüre einrichten. Diese sollten aber so breit ausgelegt werden, daß keiner mit einem Schritt über die Schleuse hinwegsetzen kann. Der Nachteil der Lappenschleuse liegt in ihrer schnellen „Ermüdung“, da die Feuchtoberfläche schnell mit Gips angereichert ist. Trocknen dann die Schuhspuren auf dem Gang, bleiben weißliche Abdrücke zurück. Ein sicherer Weg, dieses Dilemma zu verhindern: es werden grundsätzlich im Raum andere Schuhe (Hausschuhe, etc.) getragen, als außerhalb des Raumes. Wem das zu aufwendig vorkommt, braucht nur an die Turnhallenordnung denken – auch da ist es untersagt, die Halle mit Straßenschuhen zu betreten. Was dem einen Fach recht ist, muß dem anderen billig sein.

Anregungen für die Weiterarbeit
Anregungen finden sich in den einzelnen Abschnitten über das Arbeiten mit Gips (siehe S. 20 ff, LH).

TONNEGATIV – GIPSPOSITIV – RELIEF (AH S. 16/17)

Materialien

Weiche Tonmasse (nicht- oder kleinschamottiert), Modellgips, Zeitungen zum Abdecken des Arbeitsplatzes, Wasser. Sollen größere Platten gegossen werden, ist eine möglichst feste Kunststoffolie erforderlich, damit die Tonplatten auf der Arbeitsunterlage bewegt werden können.

Arbeitsmittel

Mitgebrachte Kleingegenstände wie Muscheln, Zweige, Werkzeug, Holzstücke, Schnüre, Stoffetzen. Gipsbecher, wenn möglich in der doppelten Anzahl der Schüler, Küchenmesser, Spachtel oder Löffel, Wassereimer, für größere Arbeiten Maurereimer, Bohrmaschine mit Rührstab.

I. Sachinformationen

Technische Voraussetzungen

Das Verfahren nutzt die Weichheit und Abbildungsfähigkeit des Tons und die Eigenart des Gipses, nach dem Vermischen mit Wasser formgerecht zu härten. Die Grundlagen für das Arbeiten mit Gips werden hier vorausgesetzt, da sie Gegenstand der Einführung in das Material Gips sind (S. 14).

Werden Gegenstände in eine vorbereitete, nicht zu dünne, weiche Tonplatte gedrückt, so erhält man deren negative Abdrücke (Abb. 16.9). Da Ton ausgezeichnete Abdrückeigenschaften besitzt, lassen sich alle möglichen Gegenstände und Oberflächen abdrükken, sofern das Material der Gegenstände Feuchtigkeit aufsaugende Eigenschaften besitzt, wie z. B. Holz, Stoff, Muscheln etc. Handelt es sich um Gegenstände aus Metall, Kunststoff oder Glas, muß der Ton mit Öl oder Niveacreme dünn eingerieben werden, damit sie sich nach dem Eindrücken gut herausheben lassen. Hat man auf diese Art ein Tonnegativrelief (Abb. 16.4) hergestellt, läßt sich daraus ein positiv erhabenes (Abb. 16.3) machen, wenn das Tonnegativrelief mit Gips ausgegossen wird (Abb. 16.11). Um eine Gußform zu erhalten, wird das Tonnegativ mit einem hohen Rand umgeben (Abb. 16.10). Es entstehen Reliefs, in denen die zum Drücken verwendeten Gegenstände wirklichkeitsgetreu in natürlicher Größe positiv in einem anderen Material abgebildet werden (Abb. 16.12 und 17.1).

Das Verfahren ist in seinen Prinzipien also denkbar einfach. Doch will auch hier einiges beachtet werden.

Es besteht die Gefahr, daß sich beim zu schnellen Eingießen des flüssigen Gipsbreis in den winkeligen Vertiefungen der Tonnegativform Luftblasen bilden, die im Gipspositiv als unschöne negative Buchtungen in Erscheinung treten. Diese Gefahr kann umgangen werden, wenn die Schüler zunächst nur wenig Gips in die Negativform gießen. Sind alle Teile mit einer dünnen Gipsschicht bedeckt, wird die Arbeitsunterlage kurz, aber heftig geschüttelt, damit eingeschlossene Luft entweichen kann. Erst dann wird der restliche Gips eingegossen. Sollen große Platten gegossen werden, empfiehlt es sich, die erste, blasenfrei gerüttelte Schicht abbinden zu lassen. Dann können Drahtgitter oder auf Zug gebogene Eisenstäbe (Rundeisen von 6 bzw. 8 mm Durchmesser) eingelegt werden, ohne die Tonformen zu verletzen. Erst dann wird die zweite Schicht eingegossen. Die Armierung ist notwendig, weil Gips relativ spröde ist und bei unsachgemäßer Handhabung, z. B. bei der Montage der Reliefplatten, leicht brechen kann (Abb. 10, LH).

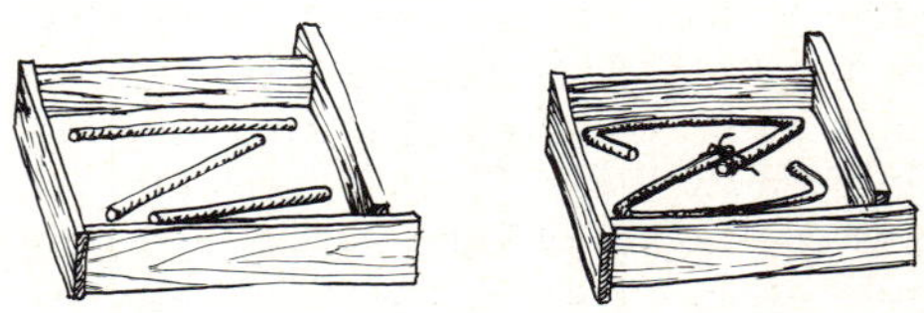

Abb. 10: Armierung von größeren Gipsplatten

Es ist besonders bei großformatigen Arbeiten möglich, daß die Kraft des aus Eimern gegossenen Gipses den weichen Ton und somit das Tonnegativ verformt. Um dies zu verhindern, hält man zwischen Eimer und Form ein Brett, auf das der flüssige Gips

zunächst auftrifft und sanft abgeleitet wird. Es ist ratsam, sich vor dem Gießen an der Schalung eine Markierung zu machen, die die Dicke der Gipsplatte im voraus festlegt. Nach dem Eingießen des Gipsbreis ist es oft schwer, die tatsächliche Dicke der Gipsschicht noch zu bestimmen.
Ist das Eingießen des Gipses beendet, sollte das Ganze noch einmal kurz geschüttelt oder im festbreiigen Zustand mit einer Latte „abgezogen" werden, damit eine gerade Auflagefläche entsteht.
Das Trennen des weichen Tonnegativs von dem harten Gipspositiv geschieht immer durch Senkrechtstellen der Ton-Gips-Platte. Erst dann wird die Tonplatte nach der einen Seite abgezogen. Dies gilt aber nicht für Arbeiten mit frei stehenden Teilen, wie z. B. Fingern, die aus der Reliefebene weit hervortreten. Hier muß der Gips von der Tonschicht Stück für Stück vorsichtig befreit werden, da die freistehenden Gipsteile sonst abbrechen.
Beim Aufrichten großer Platten sollte das Werkstück immer aus der Mitte heraus hochkant gestellt werden und nicht an den Ecken, da diese leicht abbrechen. Dies ist der Arbeitsgang, der am meisten Kraft benötigt. Aus diesem Grund sollten die Gipsplatten ein Format von 80 x 80 cm nicht übersteigen.
Die Montage großer Platten an der Wand wird am besten durch Anhalten der Werkstücke und gleichzeitiges Bohren durch Platte und Wand in der Stärke des Dübels (in der Regel 10 mm Steinbohrer) bewerkstelligt. Zuvor bohrt man in die liegende Platte mit einem stärkeren Bohrer (Astlochbohrer) Versenklöcher in die Sichtseite, damit sich Schraubenkopf und Zulegscheibe versenken lassen. Diese Löcher können nach dem Anschrauben der Platten an die Wand zugegipst werden.
Das Versetzen der Platten an Wänden geschieht immer von unten nach oben. In Bodenhöhe sollte ein Streifen von ca. 15 – 20 cm für die Bohnermaschinen der Putzkolonne freigelassen werden. Zwischen der ersten und den jeweils folgenden Platten müssen etwa 5 mm breite Senkfugen in der Waagerechten belassen werden. Anderenfalls belasten die Senkungen eine der Platten stärker und diese bricht aus. Man legt am besten immer zwei Holzkeile auf die schon montierte Platte und stellt die nächste darauf, um treffsicher zu bohren. So ist immer der gleiche Abstand gewährleistet.

Gestaltungsmöglichkeiten
Über die stufenweise im Schwierigkeitsgrad ansteigenden Gestaltungsmöglichkeiten der Reliefs gibt der Text, S. 16, hinreichend Auskunft. Es fällt jedem leicht, einige Gegenstände in eine Tonplatte zu drücken, aber eine Komposition ergibt sich erst durch eine Auswahl bestimmter Gegenstände (Auswahlmöglichkeit nach Form oder Inhalt) und deren bewußte Anordnung.
So wäre nach einem ersten Guß, der in die Technik einführen soll, eine Übungsphase anzusetzen, in der Gegnstände an- und ineinander gedrückt werden, um sie aufeinander zu beziehen.
Reliefs wirken umso plastischer, je mehr Tiefenebenen sie aufweisen. Um dies zu erreichen, werden zunächst einige Gegenstände nur wenig eingedrückt. Sie liegen später im Gipspositivrelief am weitesten hinten (flach). Danach lassen sich diejenigen Gegenstände tiefer in das Tonnegativ eindrücken, die im Gipspositiv möglichst erhaben sein sollen. Auf diese Art erhält man ein mehrschichtiges, in die Tiefe gestaffeltes Relief (Abb. 16.2), in dem die eingedrückten Gegenstände im Gipspositiv scheinbar übereinanderliegen. Wer umgekehrt anfängt und mit den tiefer liegenden Stellen des Negativs beginnt, verformt diese beim Drücken der nächst höheren Schicht.
Ein weiterer Schritt wäre, sich vorstellen zu können, was passiert, wenn verschiedene Gegenstände in der gleichen Ebene eingedrückt werden. Es entsteht im Positiv der Eindruck einer Gegenstandsdurchdringung. Es eröffnet sich nun ein weites Feld surrealer Gestaltungsmöglichkeiten.
Ein letzter, für große Reliefarbeiten notwendiger Schritt ist, aus dem Abdrücken einzelner Teile größere, zusammenhängende

Gebilde formen zu lernen (Abb. 17.19). Auch hier wird die Vorstellungskraft der Schüler erneut gefordert. So läßt sich z. B. mit den radial um ein Zentrum angeordneten Abdrücken eines Gipsspachtels eine große Blume formen oder in anderer Anordnung ein geschuppter Fisch oder aus der sinnvollen Kombination von Klötzen und Brettkanten eine mehrstöckige Häuserfassade herstellen. Hier ist der Phantasie viel Raum gegeben.

Notwendig sind diese Operationen in großflächigen Vorhaben deswegen, weil diese Technik einen Nachteil aufweist, der erst in größeren kompositorischen Vorhaben hervortritt: da die Gegenstände sich nur in Originalgröße abdrücken lassen – was einen Teil ihrer Faszination auf den Betrachter ausmacht – ergibt sich bei größeren Formaten oft ein kleinteiliger Wirrwarr, der geradezu nach Großformen ruft, die dem Ganzen eine kontrastreiche Gliederung geben. Dieses Manko des Verfahrens läßt sich nur durch das Zusammensetzen von Großformen aus kleineren Teilformen lösen, da sehr große Gegenstände sich nur noch sehr schlecht in Ton vollständig abdrücken lassen.

Die Reliefs können auf unterschiedliche Weise zur Wirkung gebracht werden. Es lassen sich z. B.:

- nur wenige, markante Gegenstände abdrücken, die aus einem besonders glatt gearbeiteten Reliefgrund herausstehen,
- soviele Gegenstände auf der Tonplatte abdrücken, daß der Reliefgrund nicht mehr in Erscheinung tritt,
- Gegenstände mehr flächigen Charakters mit solchen von mehr linearem Charakter kontrastreich gegeneinanderstellen,
- Gegenstände so abdrücken oder miteinander kombinieren, daß sich im Positiv Verfremdungen, wie z. B. die Durchdringung mehrerer Gegenstände oder ungewohnte Kombinationen unterschiedlicher Gegenstände ergeben,
- Gegenstände so verwenden, daß sie im Positiv nicht mehr erkennbar sind, sondern zu neuen, phantastischen Gegenständen werden.

Die eindrucksvollsten Themen lassen sich jedoch mit Abdrücken von Händen gestalten. Hier reicht die Palette der Möglichkeiten von dem einfachen Hand- oder Fußabdruck à la Hollywood bis zu symbolischen Szenen des Gefesselt- oder Gefangenseins. Dazwischen liegen z. B. Darstellungen von Tätigkeiten (ich halte einen Gegenstand; meine und deine Hand; ich umfasse einen Gegenstand, etc.), berufliche Darstellungen (Werkzeug und Handhaltung kombiniert) oder auch Inhalte, die durch die Gegenstandsauswahl ein Tätigkeitsgebiet verdeutlichen (z. B. die Fachräume einer Schule).

Schnell taucht der Wunsch auf, die Finger einer Hand frei in den Raum stehen zu lassen, was heißt, sie tief in den Ton zu graben. Außer der Notwendigkeit, diese „Höhlungen" besonders sorgfältig mit Gips auszugießen, ist eine besondere Art der Trennung von Ton- und Gipsplatte notwendig. Der Schöpfer eines solchen, die Reliefebene überschreitenden Gebildes muß sich die Stellung der Finger merken, um nach dem Guß die frei stehenden Finger Stück für Stück von der Tonumhüllung zu befreien. Beim einfachen Abziehen der Tonplatte würden die Finger brechen und im Ton steckenbleiben. Wenn der eine oder andere Finger/Gegenstand dennoch abbrechen sollte, so läßt er sich wieder mit Gips anfügen (siehe LH Gipsarbeit).

II. Anmerkungen ...

... zu den Aufgaben S. 16

Die erste Aufgabe läßt sich nach allem bisher Gesagten leicht in die Tat umsetzen.

Die zweite Aufgabe ist erfüllt, wenn der Schüler stichwortartig benennen kann, was im Text angesprochen worden ist.

... zum Bildmaterial S. 16/17

Die Zeichnungen 16.1 bis 16.8 machen es möglich, die Charakteristika verschiedener Reliefarten anzusprechen. Dies kann im Zusammenhang mit dem Tonnegativ-Gipspositiv-Relief geschehen oder auch beim Herstellen anderer Reliefgestaltungen aus Holz (S. 26/27) oder aus Stein.

Die Zeichnungen 16.9 bis 16.12 sind praktische Arbeitshinweise, die es dem Schüler erlauben, sich das Vorgehen bei dieser faszinierenden Technik selbst zu erschließen.
Die Abbildung 17.1 ist das Ergebnis einer einwöchentlichen Gruppenarbeit mit Auszubildenden der Continental AG, Hannover, für das Treppenhaus des betriebseigenen Bildungszentrums. Es kann exemplarisch für Arbeiten stehen, die in fast jedem Schultreppenhaus oder an der Stirnwand eines Flurs angebracht werden können. Bei der Wahl eines geeigneten Ortes sollte nur darauf geachtet werden, daß möglichst Seitenlicht auf die Reliefs fällt. Im Dunklen oder bei Licht von vorne geht ein Teil der Wirkung verloren. Bei zu viel frontal einfallendem Licht sollte ein anderer Ort gesucht werden.
Die Arbeitszeit betrug für die Reliefherstellung drei Arbeitstage von je acht Stunden, für die Montage einschließlich der aufgeklebten Folien und der Endarbeiten zwei Arbeitstage.
Der Ablauf der Arbeiten kann exemplarisch für alle derartigen Arbeiten gelten:

1. Diskutieren und zeichnerisches Festlegen der zu gestaltenden Thematik, hier – von unten nach oben – die Rohstoffgewinnung von Gummi, dessen Herstellung, die Produktionspalette der Firma und die weltweiten Handelsverbindungen.
2. Gemeinsames Auswählen eines geeigneten Entwurfs und nochmaliges Durcharbeiten im Detail.
3. Anfertigen einer maßstabgerechten Werkzeichnung mit Festlegen der Plattengrößen.
4. 1 : 1 Bodenriß der Werkzeichnung und Ausschneiden der einzelnen Plattenformen in Paßform.
5. Schablone seitenverkehrt mit der Tonplatte beschichten und Gewünschtes eindrücken.
6. Einschalen, Ausgießen, Trennen von Ton- und Gipsplatte.
7. Auslegen der Platten auf dem Boden. Fehlstellen nacharbeiten, bis die Nahtstellen passen.
8. Montieren vor Ort.
9. Einweihungsparty o. ä., zu der der Chef eingeladen wird etc.

Die schwarz wiedergegebenen Erdteile hinter dem Relief bestehen aus Gummifolie und sind nach dem Montieren der Platten eingepaßt und an die Wand geklebt worden.

... zu den Aufgaben S. 17
ergeben sich aus dem bereits Gesagten.

... zur psychologischen Situation
Diese Technik, in der Realitätsbezüge leicht herstellbar sind, kann in fast jeder Altersstufe entsprechend den allgemeinen psychologischen Voraussetzungen eingesetzt werden. Sinnvoll ist es, sie dann einzusetzen, wenn die Jugendlichen ein unstillbares Verlangen nach Realitätsdarstellung haben, welches zu befriedigen im Bereich der Zeichnung und der Malerei schwieriger und aufwendiger ist. Diese Technik macht nicht nur viel Spaß, sondern schult auch das Sehen von Positiv- und Negativformen. Da die Realitätsdarstellung erst reizvoll wird, wenn Überdeckungen der Gegenstände gedacht und auch verwirklicht werden können, ist jedoch vor der 7. oder 8. Klasse nur mit einschichtigen und wenig ineinandergeifenden Reliefkompositionen zu rechnen. Außerdem wird ein hohes Maß an raumkörperlichem Vorstellungsvermögen verlangt. Schon das Umdenken positiv geformter Gegenstände in ihre negative (spiegelverkehrte) Gußform macht den heutzutage im raumkörperlichen Denken wenig trainierten Fernsehguckern Schwierigkeiten. Vollends durcheinander geraten viele, wenn es darum geht, das Oben-Vorne der Negativform als Hinten im Gipspositivrelief zu erfassen und danach beim Arbeiten planmäßig vorzugehen. Der Schüler muß sich schon vorher eine Vorstellung davon machen, was er erreichen will. Besonders in den weitergehenden Aufgabenstellungen verlangt diese Art des Gestaltens ein hohes Maß an aufeinander bezogenen Denkvorgängen, die nach Piaget für den Heranwachsenden zum Aufbau mehrfunktionaler Denkleistungen von größter Wichtigkeit sind.

III. Unterrichtsvorschläge

Anmerkungen zur Abfolge der Unterrichtsschritte

Ziel des Arbeitens in dieser Technik ist es, zu immer differenzierteren Ergebnissen zu kommen und über die bloße Abbildung von Realität hinaus zu Aussagen zu gelangen, in denen ‚das Reale' ein Mittel der Gestaltung, aber nicht der Sinn der Darstellung ist.

Erster Schritt
Die Unterrichtseinheit beginnt am besten mit der sachlichen Klärung der Technik anhand des Textes S. 16, zweiter Absatz und den Abbildungen 16.3 und 16.4. Ist das Grundsätzliche geklärt, wird das Verfahren mit den Zeichnungen (Abb. 16.9 bis 16.12) und dem dazugehörigen Text erörtert und die einzelnen Schritte an der Tafel notiert.
Zweiter Schritt
Jeder Schüler drückt eine mindestens zwei, besser drei Finger breite Platte. Wem das Vorbereiten des Tons zuviel Unruhe bereitet, kann den Tonballen schon vor dem Unterricht mit Draht auseinanderschneiden – die Scheibenstücke lassen sich leicht voneinander abheben und schnell verteilen. In die geglättete Oberfläche der Tonplatte werden nun Gegenstände eingedrückt. Ziel ist es zunächst, möglichst unterschiedliche Gegenstände mit sehr verschiedenen Oberflächen abzudrücken, um Erfahrungen zu sammeln.
Dritter Schritt
Nachdem über die ersten Erfahrungen sowie über die Wirkungen der gedrückten Gegenstände im Gips ein Austausch zwischen den Schülern stattgefunden hat (emotionale Phase), werden die Arbeiten etwas genauer betrachtet. Wer die Gipsabgüsse besonders an den erhabenen Stellen betrachtet, merkt, daß dort oft Fehlstellen zu finden sind. Es gibt z. B. hellere Negativstellen, die von eingeschlossenen Luftblasen herrühren (Abhilfe s. Seite 50, LH).
Im Formalen gilt es zu erkennen, daß die gedrückten Gegenstände auf der Platte in der Regel berührungslos nebeneinander liegen. Es ist aber für die stillebenhafte Wirkung eines Reliefs besser, wenn es wenigstens ein Zentrum gibt, auf das hin sich die übrigen Gegenstände ordnen. Im zweiten Durchgang soll nun versucht werden, Gegenstände, die nach einer bestimmten inhaltlichen Vorstellung ausgewählt wurden, beziehungsvoll auf die Reliefplatte zu komponieren.
Vierter Schritt
Diejenigen Schüler, die den Mut noch nicht gefunden haben, Gegenstände wirklich übereinander zu drücken, kann durch die Besprechung gelungener Exemplare klar gemacht werden, warum das Ineinanderdrücken der Gegenstände so wichtig ist, und welche realen Wirkungen damit erreicht werden können.
An dieser Stelle wäre es auch sinnvoll, mit den Schülern den Text über die unterschiedlichen Relieftypen zu lesen. Wenn bewußt wird, daß Muldungen nur umgekehrte Wölbungen sind, kann der Wechsel von Tiefe in Höhe vielleicht besser eingeschätzt und gestalterisch angewendet werden.
Besonderes Augenmerk sollte auf die Erforschung von Wirkungen bei unterschiedlicher Gegenstandswahl gelegt werden. Das Ziel sollte sein, sich mittels möglichst reduziertem Material ausdrücken zu können. Mit einem Siegelring oder mit nur einigen großen Nägeln lassen sich bereits beeindrukkende Ergebnisse erzielen, bei denen auch Kompositionsregeln wie das Prinzip der Streuung, der Reihung oder der Ballung mit ins Spiel gebracht werden können.
Fünfter Schritt
Im weiteren Verlauf sollen die Schüler lernen, das Erfahrene durch geschickte Auswahl anzuwenden, vor allem aber die Höhen und Tiefen der gedrückten Gegenstände zu differenzieren. Deswegen soll jetzt eine inhaltliche Vorstellung angeregt werden, die mit wenigen Gegenständen auskommt. Sie sollen so angeordnet werden, daß man den Eindruck einer gehäuften Vielzahl hat, wie dieses z. B. bei einem Schlüsselbund der Fall sein kann. Es soll also das Übereinanderliegen von Gegenständen durch mindestens drei unterschiedlich tief gedrückte Ebenen

gestaltet werden. Zusätzlich ist dabei darauf zu achten, daß sich die Wirkung der Gegenstände (z. B. Blätter oder Geldmünzen) nur erhöhen kann, wenn Fülle und Leere als Kontraste spannungsreich gegeneinander eingesetzt werden.

Sechster Schritt

Jetzt soll versucht werden, den realen Eindruck von übereinanderliegenden Gegenständen zu verfremden. Hierbei dürfen einige Gegenstände nicht so tief eingedrückt werden, daß sie sich vollständig negativ abbilden. So kommt im Gipspositiv der Eindruck zustande, daß sich die Gegenstände gegenseitig durchdringen. Hierdurch entstehen Verfremdungen, wobei sich nicht jedes mit jedem verfremden läßt. Besonderes Gewicht liegt dabei auf einem inhaltlichen Zusammenhang.

Siebter Schritt

Nachdem gelungene Exemplare besprochen worden sind, werden nun neue, vielleicht auch phantastische Gegenstände gedrückt, die es in der Wirklichkeit gar nicht gibt.

Sie entstehen aus der Kombination von Teilstücken verschiedener Gegenstände (z. B. eine in zwei verschiedenen Richtungen ineinander gedrückte und dadurch geknickt erscheinende Flasche) oder durch die Anordnung und Wiederholung eines Gegenstandes (z. B. Schraube radial um einen Mittelpunkt gedrückt zu einer Blumenform geordnet).

Achter Schritt

Es ist fast sicher, daß in diesem Stadium der Arbeit Schüler von selbst darauf kommen, ihre Hände abzudrücken und auszugießen. Diese Anregung wird jetzt aufgegriffen und mit der inhaltlichen Auflage versehen, daß jeder eine Hand abdrücken soll, die tätig mit einem Gegenstand verbunden ist, sei es nun, daß sie einen Bleistift, Kugelschreiber, Schraubenschlüssel oder eine Flasche hält. Es läßt sich an dieser Stelle auch denken, daß jeder Schüler mit dieser Hand-Gegenstand-Kombination einen Beruf symbolisieren soll, der nach dem Abgießen von den anderen durch den gewählten Gegenstand wiedererkannt werden kann.

Anregungen für die Weiterarbeit

Von hier aus führen viele Wege weiter. Einer wäre z. B. mit einer inhaltlichen Bindung zu einer Gemeinschaftsarbeit überzuleiten. Sie kann entweder aus einzelnen, für sich abgeschlossenen Reliefs bestehen, die Teilbereiche einer Thematik darstellen, oder es kann auch eine große Komposition gemeinsam an der Tafel oder auf einem DIN A1 Bogen entworfen und in Teilstücken realisiert werden. Beachtet werden muß nur, daß für ein solches Gemeinschaftsprojekt die Unterrichtsstunden nicht ausreichen und Nachmittagsarbeit angesagt ist.

MATERIALCOLLAGE MIT GIPS (AH S. 18/19)

Materialien

Kleingegenstände und Abfallprodukte des Alltags, Gipsplatte, Gips und Wasser.

Arbeitsmittel

Gipsbecher und -eimer, Spachtel, Zeitungspapier, ein Wasser entspannendes Spülmittel.

I. Sachinformationen

Technische Voraussetzungen

Coller (franz.) heißt kleistern, schichten, zusammenkleben und Collage das Aufgeleimte. Aus diesem technischen Vorgang ist im 20. Jahrhundert ein eigenständiges künstlerisches Verfahren geworden.
In der hier beschriebenen Art der Materialcollage werden Gegenstände aus unterschiedlichsten Materialien in flüssigen Gips getaucht und vor dessen Abbinden auf bereits vorher gegossene, noch nasse Gipsplatten gelegt.
Auf diese Weise lassen sich Stoff, Holz, Metall, Kunststoff und Glas miteinander verbinden, ohne daß andere Klebstoffe zu Hilfe genommen werden müssen.
Der Gips darf weder zu flüssig noch zu fest angemacht sein und muß während des Abbindens absolut ruhig gestellt sein. Bei Gegenständen aus Metall, Glas, Kunststoff etc. ist eine fettfreie Oberfläche Voraussetzung für das Gelingen der Collage. Fließt der flüssige Gips dennoch ab, kann dem Wasser vor Einbringen des Gipspulvers ein Schuß Spülmittel zugesetzt werden. Der Unterschied dieses Vorgehens gegenüber dem Tonnegativ-Gipspositivrelief besteht vor allem darin, daß hier auch Hintergriffiges (Hochrelief) ohne Schwierigkeiten hergestellt werden kann.

Gestaltungsmöglichkeiten

Das Zusammenkleben von Gegenständen kann unterschiedlichen Gestaltungszielen folgen. Denkbar wären z. B. rein ästhetische Kombinationen, die sich auf bestimmte Formvariationen z. B. von Oberflächen oder Gefäßformen beziehen. Reizvoller ist es allerdings, die dem einzelnen Gegenstand zugewiesene Bedeutung – Messer, Kaffeetasse, Taschentuch, Eßbesteck – zu nutzen und inhaltliche Ensembles zusammenzustellen.
Der gewünschte Inhalt einer solchen Arbeit kann:
- eine reale Situation nachstellen und sie durch überlegte Anordnung der Teile und die Eigentümlichkeit der Technik herausheben oder interpretieren (Abb. 18.1),
- reale Gegenstände so zusammenstellen, daß durch ihre ungewohnte Kombination entweder neue Inhalte (Abb. 18.2) oder Verfremdungen normaler Situationen dargestellt werden, die surrealen, witzigen oder ironisch-satirischen Charakter haben,
- reale Gegenstände innerhalb eines Prozesses, z. B. der Bearbeitung, des Zerfalls, der Zerstörung (Abb. 18.3) darstellen.

Unabhängig von diesen Gestaltungsanlässen verläuft die Entscheidung, ob die Collagearbeiten eher im Bereich des Reliefs oder mehr im Bereich der aufrecht im Raum stehenden Gegenstände oder in einer Kombination von beidem angesiedelt sein sollten. Besonders die letzte Variante erfordert allerdings schon ein erhebliches Einfühlungsvermögen in die Eigenheiten der Gegenstandscollage, wenn nicht nur ein bedeutungsloses Durcheinander von aneinanderliegenden Gegenständen entstehen soll. Wichtiger wäre, mehr darauf hinzuarbeiten, den Zeichencharakter eines jeden Gegenstandes in unserer Kultur zu erkennen und diesen mit ausgewählten anderen zu einem sinnvoll lesbaren Superzeichen zu kombinieren, wie dieses in der Regel auch die Werbung – freilich mit anderen Zielen – tut. Darauf weist auch der Merksatz S. 18 hin.

II. Anmerkungen ...

... zu den Aufgaben S. 18

Die erste Aufgabe dient dazu, anhand des Abbildungsmaterials Möglichkeiten der inhaltlichen Verwirklichung kennenzulernen.

Die Aufgabe ist erfüllt, wenn die Schüler unterscheiden können zwischen der Darstellung einer Realsituation (Abb. 18.1), eines Bedeutungszusammenhangs (Abb. 18.2) und eines Zerstörungsprozesses (Abb. 18.3).
Die zweite Aufgabe dient dazu, auf die Zeichenfunktion der Gegenstände zu verweisen, weil ohne ihre Beachtung kaum gute Collagen herzustellen sind.
In Abbildung 18.1 bedeuten die Gegenstände das, was sie im Alltag sind, doch werden sowohl Oberflächencharakteristika (das Knitterig-Verformbare der Tube gegen das Glatt-Klare der Apparatform) herausgestellt als Alltagsideologien verbildlicht (Handrasierer – Elektrostecker).
In Abbildung 18.2 wird mit der Bedeutung von Einzelgegenständen gearbeitet. Pinsel, Buch und Kranz kommen aus ganz unterschiedlichen Alltagsbereichen – kombiniert regen sie einen Gedankenzusammenhang an, der mit Hilfe unserer kulturellen Erfahrungen ausgelegt werden kann.
So steht das Buch für Wissen und Kenntnisse, der Kranz für Ruhm und Auszeichnung, der Pinsel für Kunst und Malerei. Abbildung 18.3 hält den Ablauf eines Zerstörungsvorgangs an, bringt ihn so in sichtbare Distanz und macht ihn dadurch gefühlsmäßig nachvollziehbar und interpretierbar.

... zum Bildmaterial S. 18/19
Die Auswahlgesichtspunkte der Abbildungen S. 18 sind hinreichend besprochen.
Auf S. 19 ist ein Beispiel dieser Technik aus der Hochkunst abgebildet. Der italienische Bildhauer Manzú gehörte zu der Gruppe von Plastikern des 20. Jahrhunderts, die sich stets an dem klassischen Figurenkanon orientierten, sich aber moderner Techniken bedienten.
1929 schuf er seine ersten beachtenswerten Skulpturen. Seinen Arbeiten ist anzusehen, daß er sich vom Handwerk des Holzschnitzers, Vergolders und Stukkateurs her autodidaktisch in die Bildhauerei einarbeitete. Im Relief beschäftigte ihn die Durchdringung von christlicher Thematik und zeitkritischer Stellungnahme gegen Krieg, Macht und Gewalt. Nach den Bronzetüren für St. Peter in Rom (Tor des Todes, 1947–63) schuf er eine der drei Bronzetüren für den Salzburger Dom, das „Tor der Liebe", zu dem die hier abgebildeten Türgriffe gehören. Über die Ikonographie der Türgriffe gibt der Schülertext Auskunft. Technische Grundlage waren reale Gegenstände, die in Gips getaucht und auf der Grundplatte arrangiert wurden.
Um den dabei auftretenden Detailreichtum (z. B. Band um das Kornbüschel, Blätterspitzen) in großzügigere Formen zu überführen, wurden Partien, wie z. B. Teile der Ähren, die Stengel und der Ast des Weinstocks nachmodelliert.

... zu den Aufgaben S. 19
Die erste Aufgabe ist gelöst, wenn die Schüler und Schülerinnen auf Grund ihrer eigenen Erfahrungen in dieser Technik herausfinden, wie es aussieht, wenn Detailstellen sich mit Gips zusetzen oder gar nachmodelliert werden.
Die zweite Aufgabe geht auf die S. 16 zurück und soll dem Schüler verdeutlichen, daß die Höhe eines Reliefs nicht ausschließlich ein ästhetisches Problem ist. Geldstücke müssen im Flachrelief hergestellt werden, bei den Türgriffen muß etwas „Hintergriffiges" da sein, damit die Hand Halt findet. Überdies ließe sich auf Grund der angewendeten Technik wohl nur sehr schwer ein Flachrelief mit den gewählten Gegenständen herstellen.

... zur psychologischen Situation
Wie beim Tonnegativ-Gipspositiv-Relief ist es auch hier die Faszination des Gegenständlichen, die die Jugendlichen an dieser Technik anspricht.
Während aber das Eindrücken in Ton und das anschließende Ausgießen durchaus auch in der Orientierungsstufe praktiziert werden kann, ist von einem zu frühen Einsatz dieser Technik abzuraten. Das Gelingen der Collagearbeit ist mit einem vorausgegangenem Einfall, dem Erspüren des Bedeutungsgehalts von Gegenständen und dem sinnvollen Zusammenstellen im Hinblick auf den Einfall eng verbunden.

III. Unterrichtsvorschläge

Anmerkungen zur Abfolge der Unterrichtsschritte

Diese Technik bedarf einer vorausgehenden gemeinsamen Planung. Die Schüler/innen müssen im Voraus alle möglichen Gegenstände mitbringen, die auf einen Tisch zur Auswahl und zum Austausch für alle gelegt werden.

Erster Schritt

Zunächst muß die Reliefplatte angefertigt werden, damit das Format bestimmt ist, auf dem das Arrangement komponiert werden soll.

Zweiter Schritt

Danach werden die Gegenstände, z. B. Kleidungsstücke, wie ein Jackett, Handschuhe und Halstuch, probeweise auf der Platte drapiert. Dieser Vorgang sollte einige Male wiederholt oder die Stellung der einzelnen Gegenstände angezeichnet werden, da nach dem Gipstauchen wenig Zeit bleibt, eine günstige Position oder gar Komposition zu suchen.

Dritter Schritt

Dann wird ein Gipsbrei dünn angerührt, die Gegenstände eingetaucht und noch vor dem Abbinden des Gipses in die richtige Lage auf der Reliefplatte gebracht. Es ist sehr praktisch, eine ganze Gruppe von Schülern zum Eintauchen abzustellen und dafür einen Maurer- oder Plastikeimer mit Gipsbrei anzusetzen. Ein weiterer Vorteil ist, daß längere Gegenstände auch ganz eingetaucht werden können.

Vierter Schritt

Je nachdem, wie das Arrangieren der gipsbenetzten Teile ausgefallen ist, kann nun noch nachgebessert, d. h. mit Gips aufgefüllt oder dort abgetragen werden, wo sich zuviel angesammelt hat.

Anregungen für die Weiterarbeit

In der Regel werden von den Schülern/innen solche Gegenstände mitgebracht, die ihnen etwas bedeuten, wie z. B. ein Spielzeugauto, Männchen, Schlüssel und anderes aus dem Alltag. Ein Folgeschritt könnte beispielsweise so aussehen, daß man sich nach den ersten gegenständlichen Versuchen auf eine Stoffcollage beschränkt und mit gipsgetunkten Stoffen neue Ensembles herstellt (Ballungen, Kontraste arrangieren; Äste zu Figuren drapieren, umwickeln, neue Figurationen erfinden, Abb. 11–13, LH).

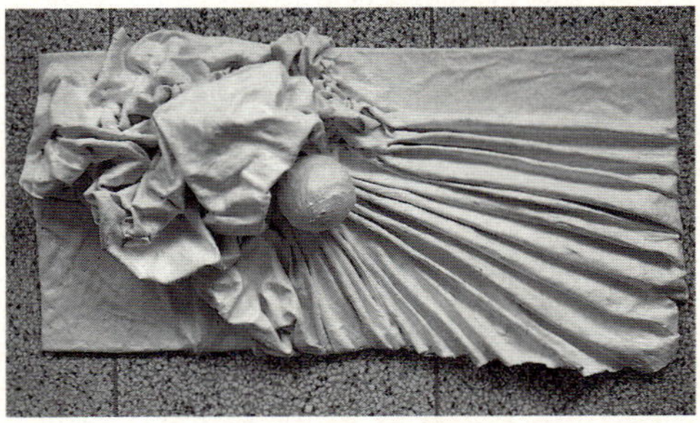

Abb. 11: Gipscollage mit Stoff und Kugel auf Hartfaserbrett, 10. Klasse

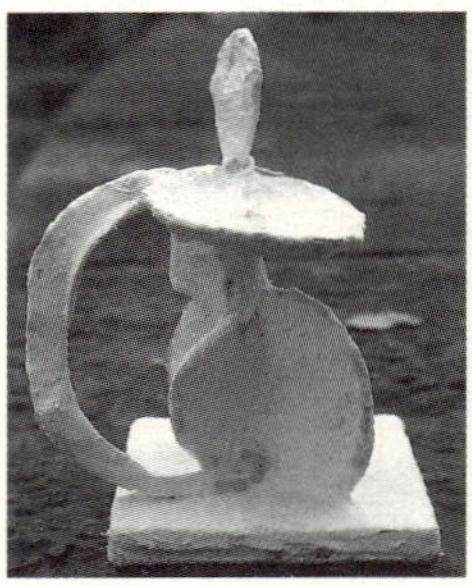

Abb. 12: Ausgeschnittene Konservenblechteile, in Gips getaucht, zu einer Freiplastik collagiert, 10. Klasse

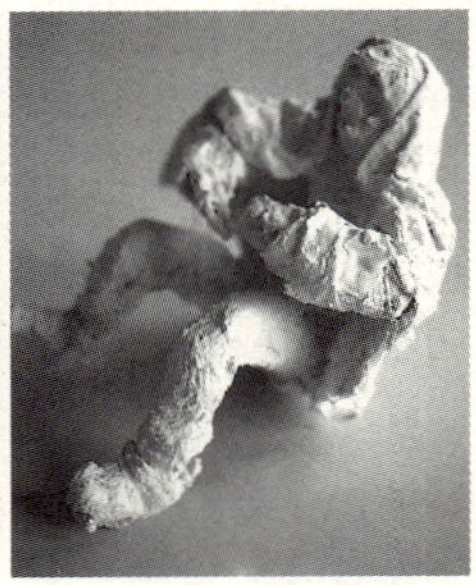

Abb. 13: In Gips getauchtes Zeitungspapier über Drahtgestell gedrückt, mit gipsgetauchten Textilien drapiert, 10. Klasse

Als nächstes lassen sich Figurenreliefs herstellen, indem ganze Kleidungsstücke getunkt und drapiert werden, wobei hin und wieder auch biegbarer verzinkter Eisendraht (rostfrei!) die Plastizität des Ganzen gewährleisten kann. Ein surreales Maskenportrait unter getunkter Kopfbedeckung sind Aufgaben, die einen großen Spaß machen und die Kreativität der Schüler und Schülerinnen anregen.

Die Konsequenz wäre schließlich, lebende Modelle mit in Gips getauchten Tüchern/Kleidern abzuformen, wie es vor allem der amerikanische Pop-Künstler Richard Segal gemacht hat. Das Modell sollte dabei immer eng anliegende alte Kleidungsstücke tragen, da die Haut voller Härchen ist und das Ablösen daher qualvoll werden kann. Die Kleidungsstücke werden am besten schon vorher geteilt, damit der Umhüllte auch wieder aus der Form aussteigen kann.
So reizvoll dieses Arbeiten ist, so ist es nur für AGs am Nachmittag oder als Projekt geeignet, da nicht mitten im Einkleideprozeß einfach aufgehört werden kann. Eine Zwischenlösung bietet sich, wenn zunächst nur menschlich proportionierte Latten oder Schwarten zu Figuren (siehe S. 25, Abb. 25.3) zusammengefügt werden, über die gipsgetunkte Kleidung gezogen werden kann. Auf einen ausreichenden Stand (Bleigewichte oder Holzplinthe) ist zu achten. Bei allen weiterführenden, freifigürlichen Arbeiten muß der Arbeitsraum im Voraus mit kräftiger Plastikfolie ausgelegt werden.
Ein anderer Weg ist das Antragen von Gips an Maschendraht. Giacometti formte viele seiner Figuren über Drahtgeflecht (vgl. Abb. 15.2). Eine gestalterisch anspruchsvolle Möglichkeit, freiplastische Formen zu erfinden, die besonders dann wirken, wenn nicht alle Flächen zugearbeitet, sondern teilweise ungeglättet und offen gelassen werden.

MONTAGEPLASTIK (AH S. 20/21)

Materialien

Gegenstände der eigenen Umgebung und des Alltags.

Arbeitsmittel

Werkzeuge je nach Gegenstandsangebot, geeignete Klebstoffe, Nägel, Hammer.

I. Sachinformationen

Technische Voraussetzungen

Eine Konsumgesellschaft wie die unsrige bietet reichlich Material, das sich neu zusammensetzen läßt. Das Problem sind hier also nicht die Materialien, sondern ihre Verbindung. Die Möglichkeiten reichen vom Zusammenkleben (Abb. 22.1) über das Zusammenstecken (Abb. 21.1, 22.2) bis zum Zusammenschweißen (Abb. 20.2), sofern sich die Montage auf eine zusammenhängende Gegenstandskombination beschränkt. In Objektkästen ist es möglich, Bruchstücke und Gegenstandsfetzen auch lose zu arrangieren (Abb. 20.1). Die unterschiedlichen Möglichkeiten der Montage verhindern eine eindeutige begriffliche Festlegung. So werden viele der hier abgebildeten Werke auch „Objekte" oder „Assemblage" (assembler franz.: versammeln, vereinigen) genannt. Die Grenzen sind fließend, und es ist schwer zu sagen, ob das „Objekt" in Abbildung 21.1 nun eher als „Montage" oder „Assemblage" angesprochen werden sollte. Deutlich muß dem Lehrer nur sein, daß bestimmte Techniken (z. B. Schweißen) in der Schule nicht realisierbar sind (wohl aber Löten!) und damit ganze Bereiche zeitgenössischer Montagetechniken wegfallen.

Gestaltungsmöglichkeiten

Auch hier besteht die Gefahr des bloßen Aneinanderfügens von Gegenständen oder die Unsitte, Dinge der Wirklichkeit in anderem Material nachzubilden. Deswegen wird im Text (S. 20, 2. Absatz) ausdrücklich darauf hingewiesen, daß die Idee bei einer Gegenstandsmontage zunächst ausschlaggebend ist. Soll es zu einer wirkungsvollen Gegenstandsmontage kommen, muß das Neue immer auch einen Teilbereich des ehemaligen Sinnzusammenhangs behalten. Die Idee kann vorgefaßt sein (z. B. aus Realobjekten einen Kopf formen) und die Auswahl der Gegenstände zu ihrer Realisation nach sich ziehen, es ist aber auch der umgekehrte Weg begehbar: der spielerische und experimentelle Umgang mit Teilen aus einem reichen Angebot an „Schrottmaterialien" läßt plötzlich den Funken überspringen. In beiden Fällen muß ein reichhaltiges Angebot von Materialien vorhanden sein. Die Schwierigkeiten bei der Beschaffung lassen sich wenigstens teilweise umgehen, wenn die Möglichkeiten der Arbeit von Joseph Cornell (Abb. 20.1), didaktisch und methodisch für die Schulsituation nutzbar gemacht werden. Andere Möglichkeiten entwickelten zur gleichen Zeit Arman mit seinen „Accumulations" (Materialanhäufungen in Glasbehältern), John Angus Chamberlain durch reliefartige Anhäufungen von Schrotteilen und Louise Nevelson mit schreinartig in Kisten eingebauten Holzabfällen. Wer andere unterrichtlich umsetzbare Ideen sucht, bemühe sich um einen der zahlreichen Bildbände über die POP-Art – sie gleichen einem Katalog kreativer Möglichkeiten, die leicht auf die jeweils örtliche Situation umgedacht werden können.

II. Anmerkungen ...

... zum Bildmaterial S. 20–22

Die Abbildung 20.1 zeigt eine Arbeit des Surrealisten und Collagekünstlers Joseph Cornell, der 1930 über Anregungen von Max Ernst unter anderem auch Filme dreht, woraus sein Interesse an der Darstellung zeitlicher Prozesse deutlich wird. 1932 schuf er die ersten Objektkästen. Sie machen Wirklichkeit im zeitlichen Ablauf präsent, wie sie der Betrachter aus Erfahrungen mit den Dingen kennt. Dabei wirkt der Kasten wie eine Guckkastenbühne, auf der die dargestellten „Handlungen" nachvollzogen werden können.

Jean Tinguely's „Spirale" (Abb. 20.2) steht für die große Gruppe von geschweißten Metallplastiken, die Abfallteile der industriellen Produktion als Artefakte benutzen und durch Neuanordnung umdeuten. Tinguely geht es meist darum, mittels sich bewegender Objekte unsere mechanisierte Welt in humorvoller Weise ad absurdum zu führen, wie dies aus dem Text (S. 20 zu Abb. 20.2) ersichtlich wird. Das Angestrengte der Maschinerie gerät zum Hohn auf die Erbärmlichkeit der technoid gewordenen Welt, wobei ihm das Mittel des Schein-Dilettantismus gerade recht ist, das „Archaische" seiner Grundideen deutlicher zum Ausdruck zu bringen. Nach einem gewissen Zeitraum des Spiels löst sich die Spannung in erheiternder Ironie. So ist es nicht verwunderlich, daß Niki de Saint Phalle (S. 5) und er Werke gemeinsam schufen (z. B. Strawinsky-Brunnen am Centre Pompidou, Paris).
In Ansgar Nierhoffs Werk „Schranke" (Abb. 21.1) taucht eine andere Möglichkeit der Materialcollage auf.
Aggression und Zerstörung durch die Verformung von Artefakte oder neu fabrizierter Teile sichtbar und nachvollziehbar zu machen. Nierhoff gehört zur Generation nach dem „Pop-Schock". Anfangs verwendete er edle Materialien im Kontrast zueinander (wie hier Holz zu Edelstahl), wodurch die angewendete Gewalt besonders deutlich ins Auge springt. Später faszinierte ihn Eisen, dessen Härte und gleichzeitige Verformbarkeit den Prozeß der Umwandlung besonders gut verdeutlicht.
Pablo Picassos „Konstruktion Violine" gehört zu einer ganzen Serie von Montagen – den sogenannten „Konstruktionen" – in denen sich der Künstler mit dem Innen-Außen-Problem der körperhaften Erscheinung konkret auseinandersetzt, ohne readymades zu verwenden. In gewissem Sinn entstammen diese Arbeiten einem Reflexionsprozeß, der durch die Entwicklung seines kubistischen Bildaufbaus in der synthetischen Phase ausgelöst wurde. Picasso sucht die Einheit von Figur und Grund in seinen Bildern erneut zugunsten der Figur zu begrenzen, forscht nach Entsprechungen kubistischer Aussagen in der materiellen Wirklichkeit und findet wie selbstverständlich zur Bemalung der plastischen Objekte, die er aus Papier, Pappe, Blech und Holz zusammensetzt (Abb. 22.1).
Eine letzte Variante der Montageplastik begegnet uns in Robert Indianas „Mond". Als Maler geschult nutzt er die symbolische Kraft der Teile, die für sich Artefakte sind, um in einer funktionalen Erweiterung (z. B. Rad = Bewegungsinstrument eines Wagens, dann Symbol von Bewegungsphasen im kosmischen Zeitablauf) zu übergeordneten Aussagen zu kommen.

... zu den Aufgaben S. 20/21
Die erste Aufgabe S. 20 ist gelöst, wenn die Schüler den Sammel- und Erzählcharakter in Abbildung 20.1 vom Aufspüren technischer Vorgänge und deren Ironisierung in Abbildung 20.2 absetzen können.
Die Durchführung der dritten Aufgabe ist dem Text S. 20 und den hier gemachten Bemerkungen zu entnehmen.
Die Aufgabe S. 21 ist gelöst, wenn dargestellt werden kann, daß es sich um neue Materialien handelt, die sich teils der Idee der Schranke (funktional) und teils ihrer Rolle im Umfeld menschlicher Handlungen zuordnen lassen. Hieraus entwickelt sich der Gedanke des in der Sache selbst enthaltenen Aggressionspotentials – die Gestaltungsidee – und begründet auch die Überdimensioniertheit der Konstruktion gegenüber der Wirklichkeit.

III. Unterrichtsvorschläge

Grundsätzlich müßte die Materialsammlung im schulischen Bereich vor der Themenstellung stehen. Erst wenn genügend Materialien durch die Schüler – auch nach und nach – mitgebracht worden sind, kann es zur Ausführung von Montagen kommen. Leichter ist es, durch vorherige thematische Einbindung die Materialien zu begrenzen, d. h. mit der Gruppe die Ideenfindung ausgiebig zu diskutieren, auch Bildbeispiele im Arbeits-

heft im Hinblick auf Ideenfindungsmöglichkeiten zu besprechen.
Hierbei bietet sich die Thematisierung eigener gemeinsam gemachter Erlebnisse besonders an (s. Text S. 20 und Abb. 20.1). Den Ablauf eines Projekttages, einer Schulfeier, eines Tagesausflugs oder einer Klasssenfahrt mittels Realobjekten zu visualisieren und interpretierend nachvollziehbar zu machen, ist eine Idee, die sich durch das Sammeln von Erinnerungsstücken, Indizien und authentischen Materialien durch einzelne Schüler realisieren läßt. Ein positiver Nebeneffekt ist schließlich die Entdeckung, wie viel wir an kreativ nutzbaren Gegenständen zu Abfall werden lassen.

Anregungen für die Weiterarbeit
Wenn eine Montageplastik gelingen und für den Betrachter einen Sinn haben soll, darf dabei der ursprüngliche Sinn der verwendeten Gegenstände nicht gänzlich verloren gehen. Dies will geübt sein. Bevor dieses nicht von einer Gruppe verstanden und entsprechend realisiert worden ist, sollten keine Großprojekte in Angriff genommen werden. Haben kleinere Arbeiten zu diesen Erkenntnissen geführt, ist es durchaus möglich, die Montage mit der Schularchitektur zu verbinden und zu aussagefähigen Reliefgestaltungen oder zu freiplastischen Objekten zu kommen.

Materialien

Gegenstände des täglichen Lebens.

Arbeitsmittel

Sockelplatten und je nach Gegenstand Befestigungsmaterialien.

I. Sachinformationen

Technische Voraussetzungen
Das „verfremdende Herausstellen" eines Gegenstandes aus seinem gewohnten Kontext bedarf keiner besonderen technischen Voraussetzungen, denn es ist ein Problem der Auswahl, nicht der Herstellung. Lediglich die Strategie eines Jasper Johns, durch Wiederabguß und Bemalung zu neuen Wahrnehmungserlebnissen zu gelangen, verlangt technische Vorkenntnisse. Da es Schülern dieser Altersstufe aber schwerfällt, handwerklich einwandfreie Negativformen von Gegenständen herzustellen, bleibt diese Möglichkeit meist unberücksichtigt. Dies muß aber nicht unbedingt so sein. Man kann sich z. B. der Tonnegativ-Gipspositiv-Technik bedienen, um zu Gegenständen zu kommen, die anschließend auch mit Lackfarben bemalt werden können. Dabei ist nur auf eine möglichst genaue Trennung in der Mitte der eingedrückten Gegenstände zu achten. Die beiden Hälften werden nach dem Gießen und dem Planschliff der Trennfläche zusammengesetzt und nach dem Trocknen mit feinem Glaspapier (280 Körnung) geschliffen.

Gestaltungsmöglichkeiten
Zwischen der Montage- und der Objektplastik läßt sich keine feste Grenze ziehen. So bleibt es bei der Feststellung, die bereits im Text S. 23, erster und zweiter Absatz, getroffen wird. Was Schülern dieser Altersstufe Spaß macht, ist die genaue Wirklichkeitskopie durch das Nachmalen bestimmter Gegenstände. Diese Übungen dienen aber vor allem der Wahrnehmungssensibilisierung – mit einer Ausnahme, die sich auf die Entdeckung eines Formzusammenhangs durch Neuaufstellung bezieht (Abb. 23.2).

II. Anmerkungen ...

... zum Bildmaterial S. 23
Jasper Johns gehört zur Generation derjenigen Künstler, die die Pop-Art mitgeschaffen haben. Sie brachen Ende der fünfziger Jahre endgültig mit den tradierten Vorstellungen und machten den aus der Alltagswelt herausgegriffenen Gegenstand zum darstellungswürdigen Objekt. Dabei wendeten sie „künstlerische Techniken" an, die den Alltagsgegenstand naturgetreu nachbilden – im Falle der hier abgebildeten „Savarin-Büchse mit Pinseln" durch den Bronzeguß „disfunktional" verwandelt. Damit war der herkömmliche Kunst-Begriff zerstört – fortan ist der Betrachter aufgefordert, seine Alltagserfahrungen dazu zu verwenden, beim Anblick dieser neu konzipierten „Realkunst" sich eigener Erfahrungen bewußt zu werden, die im funktionalen Ablauf der alltäglichen Gebrauchshandlungen nicht entstanden wären.

... zur psychologischen Situation
Es ist hier nur anzumerken, daß die Jugendlichen in der Regel der alltäglichen Gegenstandswelt anhängen und diese fraglos „für wirklich" nehmen. Aus diesem Grund wird es schwierig, in ihnen Zweifel aufkommen zu lassen – sie werden darin kaum einen Sinn finden – es sei denn, es gelänge, sie tatsächlich betroffen zu machen.

... zu den Aufgaben S. 23
Die erste Aufgabe ist gelöst, wenn drei Gesichtspunkte benannt werden können: die Disfunktionalität, die Materialtäuschung und die wechselseitig dazu auftretende Sehtäuschung. Sie kann erst durch das Tasterlebnis korrigiert werden.
Die zweite Aufgabe entspricht dem, was hier theoretisch über Henry Moore's Kunstgriff angemerkt worden ist. Es ist ratsam, die Lageveränderung der Gegenstände im Zusammenhang mit der Beschreibung der auftretenden Veränderungen zu wiederholen.

III. Unterrichtsvorschläge

Durch eine geschickte Unterrichtsführung ist es möglich, Betroffenheit über die veränderte Gegenstandsaussage zu erreichen, beispielsweise mit der „zufälligen“ Verteilung einiger Gegenstände auf dem Tisch. Erst ihre Lageveränderung, die der Aufführung eines Musikstückes gegenüber der gedruckten Partitur gleich kommt, schafft einen interpretierbaren Zusammenhang. Gelingt es, den Schülern zu verdeutlichen, daß sich nicht der Gegenstand, sondern die eigenen Auffassungsmöglichkeiten verändern, haben sie bereites ein Grunderlebnis der Interpretation von Wirklichkeit überhaupt erfahren.

Anregungen für die Weiterarbeit
Eine Objektplastik ist ein dreidimensionales Werk, das nicht in den bisher gebräuchlichen Verfahren der Bildhauerei und Plastik aus Holz, Stein, Ton, Gips oder anderen Materialien geformt wurde. Vorgefundene Gegenstände und Gegenstandsreste werden so kombiniert, daß sich ein neuer Bedeutungszusammenhang ergibt. Da der experimentell erwerbbare Einsichtsbereich in der Schule nicht sehr groß ist, könnte dort, wo es organisatorisch möglich ist, eine Reihe Montage und Objekt durch den Besuch eines Museums mit derartigen Werken abgeschlossen werden. Eine Unterrichtseinheit über die medial vermittelte Gegenstandswelt in Anzeigenwerbung und Fernsehen könnte sich anschließen.

Materialien

Verschiedene Holzstücke und Holzarten.

Arbeitsmittel

Stecheisen, Schnitzmesser, Holzhammer, Holzleim, Werkbank, Zwingen.

I. Sachinformationen

Holz gehört wie Stein und Ton zu den Grundmaterialien der Bildhauerei. Seine Eigenschaften sind nur schwer durch andere Materialien zu ersetzen. Dabei bedarf es einer kenntnisreichen Behandlung vor, während und nach dem Bearbeiten. An den Arbeiten im künstlerischen Bereich ist zu erkennen, daß es sehr unterschiedliche Möglichkeiten der Bearbeitung mit verschiedenen Werkzeugen gibt, vom einfachen Kerben (Abb. 27.1) über das grobe Abschlagen (Abb. 27.2) bis zur hohen Schnitzkunst (Abb. 25.1), beim Arbeiten aus dem Block und das zusammensetzende Verarbeiten von Holzteilen (Abb. 25.3).

Technische Voraussetzungen
Das Material
Holz war eines der wichtigsten Rohmaterialien für weite Bereiche des alltäglichen Lebens. Seine Vielseitigkeit und besonderen Eigenschaften werden im Text S. 24, erster Absatz, hinreichend beschrieben. Holz ist ein teures und nicht immer leicht zu beschaffendes Material geworden. Allerdings kann man die noch bestehenden Quellen verschiedenster Gewerbebereiche nutzen. So ist billig an Bretter und Rundlinge in Sägewerken zu kommen, die z. B. wenig Verwendung für Pappelholzstämme haben, insofern sie für das Schälfurnier nicht mehr geeignet sind, sowie an Bohlen und Bretter, die beim Aufsägen windisch geworden sind. In einer Holzgroßhandlung lassen sich überdies billig Reste aus den Balkenmaterialien erwerben, die der Zimmermann, der Bautischler und der Dachdecker benötigen. Besonders Dachlatten in unterschiedlichen Querschnitten können ein noch relativ preiswertes Ausgangsmaterial für das Arbeiten in der Schule sein.
Die Eigenschaften des Holzes – Wachstums- und daher auch Bearbeitungsrichtung, Faserlänge und Härte sowie Schnittdichte, bieten breit gefächerte Bearbeitungsmöglichkeiten, die nicht immer für Schulzwecke geeeignet sind. So ist Lindenholz das beste Schnittholz, ist aber gleichzeitig teuer und nicht unbegrenzt erhältlich. Statt dessen läßt sich auf Pappel ausweichen, die billig zu haben ist, jedoch keinen so glatten Schnitt hat. Wenn es auf diesen ankommt, sollte auf Fichte, besser Rottanne oder Kiefer zurückgegriffen werden. Der Nachteil dieser Hölzer, zu denen auch die Eiche als härtere Sorte gehört, ist die Langfaserigkeit, d. h. dieses Material spaltet sehr schnell und muß sorgfältig in Schnitt und Gegenschnitt bearbeitet werden. Birke und Ahorn scheiden meist wegen ihrer wild laufenden Maserung, Esche, Rot- und Weißbuche wegen der zu leichten Spaltbarkeit aus. Holz aus alten Möbeln und Dachstühlen ist eine sehr brauchbare Quelle für eine Weiterverarbeitung per Hand.
Wie schon angedeutet, ist Holz pflegebedürftig. Hierzu gehört z. B. eine trockene Lagerung. Auch sollte man wissen, daß Kernholz (Abb. 24.3) immer zur Mitte hin reißt, weswegen die mittelalterlichen Holzschnitzer zwar in frischem Holz gearbeitet haben, den Kern aber immer beseitigten, um das Holz ruhig zu stellen. Eine andere Methode wird in Abbildung 24.5 ersichtlich: man verleimt Holz immer gegenläufig, wie beim echten Sperrholz oder hebt die innere Kraft durch Aufraspeln und Verleimen (Spanplatte) auf. Beim Bearbeiten des Holzes und vor allem beim Verleimen von Blöcken (Abb. 24.4) sollte sowohl auf den dort gezeigten Verlauf der Jahresringe als auch auf die Wachstumsrichtung geachtet werden. Sie ist an der rauhen Sägeoberfläche wie beim Fell eines Tieres durch Darüberstreichen zu ertasten: stellen sich die Spreißel auf, muß in anderer Richtung gearbeitet werden. Zum Verleimen lassen sich alle im Handel angebo-

tenen Leime (z. B. Ponal) verwenden. Schnellkleber sollte nur dort verwendet werden, wo bei der Arbeit abgespaltene Stücke wieder angesetzt werden müssen. Eine dem Holz adäquate Endbehandlung bringt die Schönheit des natürlichen Materials zur Geltung. Dabei ist grundsätzlich zu beachten, daß Holz auch weiterhin „arbeitet" und eine porige Oberfläche besitzt. Lack sperrt zwar das Holz zeitweise vor Feuchtigkeit ab und macht die Oberfläche glänzend – doch bleibt die Schutzschicht nicht lange ohne feine Risse, in die dann Feuchtigkeit eindringt. So ist es stets besser, die Poren und nicht die Flächen zu schließen, was mit Einlaßgrund und Mattierung, Wachs und Ölen geschehen kann. (s. Text S. 24, 6. Absatz).

Das Werkzeug
Man unterscheidet trennende und spanabhebende Werkzeuge. Sägen sind zum Abtrennen von Holzteilen da und funktionieren in der Regel am besten im Hirnschnitt, also quer zur Wachstumsrichtung. Mit dem Fuchsschwanz wird Holz abgetrennt, mit der Feinsäge werden Teilstücke ausgehoben, wie z. B. bei der Überplattung. Der Umgang mit Beil, Axt und Kettensäge (s. Text S. 24, 5. Abschnitt und S. 25, Abb. 25.2) will allerdings gelernt sein und ist nicht in der Schule anwendbar. Hobel und Schnitzmesser sind spanabhebende Werkzeuge, die meist in Wachstumsrichtung eingesetzt werden. Das Stecheisen, die handwerkliche Grundform der Schnitzmesser, ist sowohl für den Hirn- als auch für den Längsschnitt geeignet, wenn es sich um das Ausheben von Zinken, Zapfen oder frei geformten Vertiefungen handelt. Wer mit dem Stecheisen maßgerecht Holz „abstechen" will, muß die Seite ohne Anschliff in Richtung Maßlinie setzen. Das Schärfen von Sägen und Bohrern überläßt man besser dem Fachmann.
Das Glätten der Formen und der Oberfläche geschieht durch Raspeln, Feilen und Glaspapier. Sie sind heute kostengünstig zu erhalten, weil sie maschinell hergestellt werden. Dennoch sollt man das Holzwerkzeug konsequent nur für Holzarbeiten verwenden – also z. B. auf gar keinen Fall für die Bearbeitung von Ytong benutzen (siehe S. 31).
Zur Ausstattung einer Holzwerkstatt gehören auch Kreissäge, Hobel- und Bohrmaschine. An diesen schnellaufenden Maschinen (höchste Unfallstufe) haben Schüler/innen nichts zu suchen, sondern nur der mit Maschinenschein ausgerüstete Lehrer in entsprechender Arbeitskleidung.

Gestaltungsmöglichkeiten
In dieser Phase der Arbeit kommt es vor allem darauf an, daß die Schüler die Eigenheiten des Holzes, seine Bearbeitungsrichtung, seine Festigkeit, seine Neigung zum Springen und Brechen kennenlernen und Erfahrungen sammeln. Im Folgenden ist entweder der Kerbschnitt (siehe S. 26/27) oder das Schlagen einer Holzschale besonders geeignet, die Reaktionsweisen des Holzes mit den eigenen Möglichkeiten des Gebrauchs von Werkzeugen in Einklang zu bringen.

II. Anmerkungen ...

... zum Bildmaterial S. 25
Die Abbildungen auf S. 25 sind so gewählt, daß drei grundsätzliche Holztechniken mit den entsprechenden Gestaltungsmerkmalen verglichen werden können.
Abbildung 25.1 zeigt die altmeisterliche Schnitztechnik der Spätgotik. Die Figur ist aus einem Stamm, der von hinten ausgehöhlt wurde, liegend auf einer Werkbank gearbeitet worden. Deshalb ist die Plastik einansichtig und nur von vorne wirkungsvoll. Mit allem Können hat der Schnitzer versucht, nicht nur die Gewandfalten kontrastreich herauszuarbeiten, sondern auch Körperteile und Gesicht bis in die feinsten Regungen hinein auszuarbeiten. Von der Eigenart des Holzes, in einer Richtung gut, in der anderen sehr schlecht bearbeitbar zu sein, ist kaum etwas zu merken. Das Holz hat Veit Stoß in Anlehnung an den Nürnberger Kollegen Tilmann Riemenschneider für sich wirken lassen – obwohl zur damaligen Zeit die farbige Fassung (ein Überzug aus Leinen,

Kreidegrund und farbiger Bemalung) noch allgemein üblich war. Dennoch kann man nicht sagen, Veit Stoß hätte im engeren Sinne „materialgerecht“ gearbeitet. Dem mittelalterlichen Künstler war das Material lediglich Träger von Inhalten und kein Selbstzweck. Die Krone wurde nachträglich aufgedübelt und war – wie Augen, Mund und Haare – früher farbig gefaßt. An vielen Statuen wurden auch die quer zur Holzrichtung stehenden Hände gesondert geschnitzt und im Ärmelaufschlag eingedübelt. Hier hat die Hand noch genügend Rückhalt in der Holzmasse, ein Absplittern ist deswegen nicht zu befürchten.

Veit Stoß gehört mit Riemenschneider, Pacher und Erhart zur zweiten Generation der deutschen Bildschnitzer des Spätmittelalters. Um 1450 geboren ging er 1477 nach Krakau (Hochaltar der Marienkirche), ab 1496 arbeitete er in Nürnberg bis zu seinem Tode 1525. Im letzten Drittel seines Lebens schuf er seine besten Arbeiten, die meist Einzelfiguren waren, wie die hier abgebildete Hausmadonna aus Nürnberg.

Das genaue Gegenteil der Bearbeitung von Holzstämmen ist in Abbildung 25.2 zu sehen. Der Künstler ist, teils mit der Kettensäge, teils mit breiten Stecheisen und der Axt Holz abtrennend, rund um den Stamm gegangen. Dabei folgte das Werkzeug fast nie der Wachstumsrichtung des Holzes, sondern war immer gegen sie gerichtet, so daß regelrechte Holzbruchstellen sichtbar stehen gelassen wurden. Eine festgelegte Ansicht gibt es nicht. Auch nützte A. R. Penck das Volumen des Stammes extrem aus und drang dabei mit seinem Werkzeug hin und wieder fast bis zur Mitte der Stammachse vor. Dadurch macht die in der Oberfläche roh belassene, den Arbeitsprozeß wiedergebende Skulptur einen andeutungsweise labilen Eindruck, der auf den Titel des Werkes paßt. Dieser Eindruck wird dadurch verstärkt, daß die Volumina – und damit die Materialgewichte – sich im oberen Drittel massieren, anstatt – wie in der Madonnenskulptur – nach oben hin filigranartiger und feiner zu werden.

A. R. Penck wurde 1939 mit dem bürgerlichen Namen Ralf Winkler in Dresden geboren. Er wächst in der DDR auf, wird vom Studium an der Kunstakademie wiederholt ausgeschlossen und lernt Werbezeichner. 1969 hatte er seine erste Ausstellung in der BRD, 1972 und 1977 beteiligte er sich an der documenta 5 und 6. 1980 siedelt er schließlich in den Westen über.

Das Holzbildwerk (Abb. 25.3) zeigt die dritte Möglichkeit, mit Holz kreativ umzugehen: die Montage aus vorgefertigten Holzteilen, die z. B. von Holzkisten stammen und nachträglich bemalt wurden. Picassos bewundernswerte Begabung, den einfachsten Fundstücken der dinglichen Welt Leben und physiognomischen Ausdruck einzuhauchen, zeigt sich auch hier wieder.

Die abgebildete Arbeit steht im Zusammenhang mit der Gruppe der Badenden von 1956, die Picasso als plastische Resonanz zu seinen Aufenthalten an der Küste Südfrankreichs schuf und in der er bereits anderweitig benutzte Holzteile wie Besenstiele, Keilrahmen, hölzerne Sofafüße miteinander verbindet. Dieser Figur folgen andere Holzfiguren, die er „Puppen“ nennt und für seine Tochter Paloma hergestellt hat, als sie noch ein Kind war.

Pablo Picasso wurde 1881 in Malaga, Spanien geboren. Schon mit 16 Jahren absolvierte er die Kunstschule in Barcelona, von seinen Lehrern bewundert. 1904 siedelte Picasso endgültig nach Paris über. Dort schuf er bald die Voraussetzungen für die kubistische Epoche der Moderne und stand in den folgenden 30 Jahren dem Surrealismus vor allem auch in seinem plastischen Werk nahe. Mit Gonzales zusammen erfindet er die Montageplastik aus Eisenteilen. Auch andere Möglichkeiten des formalen Ausdrucks, wie das Klassizistische und das Expressionistische findet sich in seinem plastischen Werk. Nach dem Zweiten Weltkrieg kommt es neben Ton- und Bronzeplastiken zu großartigen dreidimensionalen Montagen aus verfremdeten Alltagsgegenständen (Ziege; Pavian) und zu Gruppen von experimentellen Arbeiten aus gebogenem Blech, Holzstücken und anderen realen Versatzstücken. 1972 starb der unermüdlich Schaffende als einer der größten Maler, Zeichner und Plastiker der ersten Hälfte des 20. Jahrhunderts.

... zu den Aufgaben S. 25
Die erste Aufgabe ist gelöst, wenn die grundsätzlichen Unterschiede in der Bearbeitung (Schnitzen, Sägen, Montieren) und die entsprechende Verwendung der dafür geeigneten Werkzeuge (s. Text S. 24, vorletzter Absatz) zugeordnet werden können.
Die zweite Aufgabe schließt an das an, was zu der Arbeit von Picasso gesagt wurde. Es kommt dabei eher auf den lustigen Einfall – entsprechend der Bedingungen einer Montageplastik – als auf irgend eine besondere Darstellungsqualität an. Die korrigierende und präzisierende Rolle der Bemalung sollte wie in Abbildung 25.3 eingesetzt werden.

... zur psychologischen Situation
Holz fühlt sich gegenüber Ton und Stein in heutiger Zeit wegen seiner Materialbeschaffenheit gut an und wirkt auf Schüler faszinierend. Nicht unwichtig in diesem Zusammenhang ist, daß sich mit Holz nicht alles so leicht machen läßt wie mit dem weichen Ton, aber doch auch nicht so langwierig ist wie das Steinhauen. Hinzu kommt, daß die Laufrichtung des Holzes ein Mitdenken mit den Gegebenheiten der lebendigen Natur erfordert. So ist Holzarbeit, was den Schwierigkeitsgrad, den Bearbeitungswiderstand und die emotionalen Bindungen anbelangt, in dieser Altersstufe gerade das, was Jugendliche herausfordert.

III. Unterrichtsvorschläge

Anmerkungen zur Unterrichtsorganisation
Holzarbeit mit Ausnahme einfacher Kerbschnittarbeiten kann nur in eigens dafür eingerichteten Werkstätten durchgeführt werden, da das Werkstück sicher eingespannt werden muß, damit es dem Zugriff und Druck der Messer, Raspeln und Feilen standhält. Jeder Schüler braucht deshalb einen Arbeitsplatz und genügend Raum in Arbeitsrichtung, daß ein ausrutschendes Stecheisen nicht andere verletzen kann. Wichtig ist es, vor Beginn der Arbeit allen eindeutig zu zeigen, daß die Hände immer hinter dem Werkzeug sein müssen und niemals auf eine Hand zu geschnitten werden darf. Da die Unfallträchtigkeit auch noch beim Handschnitzvorgang relativ hoch ist und Aufsicht über die einzelnen Handgriffe dringend erforderlich ist, sollten die Unfallbestimmungen auch im Hinblick auf die Gruppengröße (max. 16 Teilnehmer) beachtet werden.

Anregungen für die Weiterarbeit
Das Arbeiten mit Holz ist so vielseitig, daß eine Weiterarbeit nach verschiedenen Seiten möglich ist. Im folgenden Kapitel wird lediglich die Holzkerbarbeit angesprochen, weil sie am ehesten in Schulen zu realisieren ist und dennoch den Werkstoff Holz einsichtig machen kann.
Beliebt und didaktisch sinnvoll ist das Schlagen einer Schale. Sie gehört streng genommen nicht in den Bereich der Bildhauerei, vermag aber auf einfache Weise technisches Know-how und Formgefühl im Dreidimensionalen zu schulen. Die Grundform ist ein Bohlen- oder Brettabschnitt. Auf ihn wird die Schalenform gezeichnet. Dann wird erst die Innenform ausgeschlagen. Dies ist nicht so einfach, weil an einer Stelle innerhalb der Höhlung die Arbeitsrichtung wechselt und der Schüler auf diese Weise mit der naturgegebenen Eigenheit des Holzes umzugehen lernt. Im steileren Teil der Wandung wird zunächst eine Art Hirnschnitt ausgeführt, der dann langsam in ein spanabhebendes Arbeiten übergeht. Letzte Feinheiten müssen mit dem schräg laufenden Messer ausgearbeitet werden. Dann wird die Schalenform herumgedreht und die äußere Schalenwölbung geschlagen. Nun ist das Gefühl für die Dicke der Wandung zu entwickeln. Der Rand sollte überall gleich dick verlaufen. Schließlich läßt sich die Oberflächenbehandlung diskutieren. Zum Glätten der Höhlung sind gebogen begrenzte Glasscherben als Ziehklingenersatz gut geeignet.

Materialien

Holzlatten, Bretter.

Arbeitsmittel

Schnitzmesser, Kerbmesser, Stecheisen, Schleifpapier, Schleifklotz.

I. Sachinformationen

Technische Voraussetzungen
Bei der Wahl des Materials sollte schon Klarheit darüber bestehen, ob in eine Fläche (Abb. 26.1) oder an einem Stab rundum (Abb. 26.4) gekerbt werden soll. Entsprechend ist das Material zu wählen. Für flächenbezogene Kerbarbeiten sollte Holz verwendet werden, in dem die Härteunterschiede von Frühjahrs- und Herbstringen möglichst gering sind, z. B. Fichte. Die Stäbe bekommt man beim Baubedarf oder sammelt sie als Aststücke selbst. Die Stäbe können, müssen aber nicht vorher glatt gehobelt werden.
Als Werkzeug können alle Arten von Messer vom Taschenmesser bis zum Stecheisen dienen, sie sollten nur scharf sein. Mit dem Kerbmesser, das eine besonders geformte Klinge hat, bzw. mit allen Klingenmessern lassen sich freie Linienverläufe schneiden, wobei der Wechsel der Wachstumsrichtung beachtet werden muß. (Abb. 26.3). Mit dem Stecheisen ist es möglich, Ornamente, der Breite des Eisens entsprechend, maßgenau auszukerben.
Wie im Text hinreichend erklärt, muß mit Schnitt und Gegenschnitt gearbeitet werden (Abb. 26.2). Hierbei besteht nach dem Aufzeichnen von Liniamenten nur die Schwierigkeit, daß rechts und links neben der Linie schräg nach innen zur Linie geschnitten werden muß. Das Holz in der Kerbe läßt sich nur bis zu einer gewissen Breite in einem Stück ausheben. Breitere Kerbungen verlangen ein schrittweises in die Tiefe Arbeiten. Ist der Gegenschnitt nicht tiefer als der Schnitt, springt das übrige Holz wie von selbst oder durch leichtes Kanten des Messers ab. Danach wird die Prozedur nochmals wiederholt, bis sich die beiden Schrägschnitte in der Mitte V-artig treffen. Ein Nachschleifen der Kerbungen sollte vermieden werden. Die Wirkung lebt aus den Schnittoberflächen und den harten Kanten.

Gestaltungsmöglichkeiten
Der Flächenschnitt bietet die Möglichkeit, vom Ornamentalen zur Darstellung überzugehen. Großzügigkeit ist dabei erstes Gebot (vgl. Abb. 27.1). Im Stabkerben führt das Rundumkerben zunächst zu Proportionierungen des Stabes, die bewußt weitergeführt und auch in der Tiefe der Kerbungen variiert werden können, bis gänzlich oder stellenweise der Eindruck von Abbildung 27.3 erreicht ist. Dieses an Rundlingen weiter zu verfolgen, ist außerordentlich reizvoll. Je tiefer dort stellenweise geschnitten wird, desto mehr verselbständigen sich die plastischen Teilkörper (Abb. 26.4 und 27.3), so daß der Schnitzer über diesen Weg stufenweise zur Rundumplastik kommen kann. Ein geeignetes Thema für diese Arbeitsweise wäre der Entwurf eines Schachspiels. Ein anderes Ziel wäre es, zu überlebensgroßen Totempfählen zu kommen, die, farbig bemalt, in der Schule aufgestellt werden können (Abb. 14/15, LH).

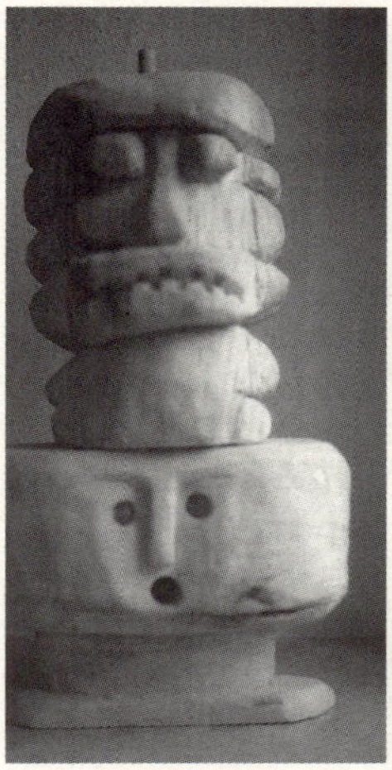

Abb. 14: Thron eines Häuptlings, 9. Klasse

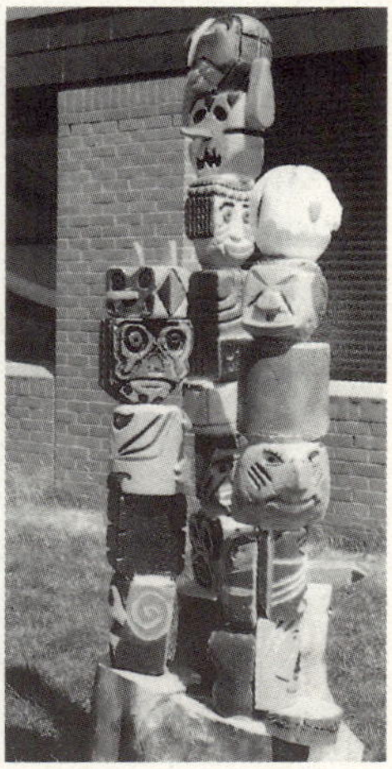

Abb. 15: Totempfähle aus Kopfteilen, 7. Klasse

Anmerkungen zu den Aufgaben S. 26
In der ersten Aufgabe muß beachtet werden, wie aufgezeichnet wird: nur mit einer (Mittel)Linie oder in der Begrenzung der Kerben. Im letzteren Fall empfiehlt sich, zur Orientierung auch die Mittellinie aufzeichnen zu lassen. Teile, die herausgeschnitten werden sollen, können schraffiert werden.
Die zweite Aufgabe läßt sich auch in den unteren Klassenstufen mit Baumästen durchführen, wobei Kerben in die Baumrinde geschnitten werden. Die Proportionierungen können durch inhaltliche Vorgaben (Spazierstock, Zepter, Zeremonienstab) gelenkt werden.
Die dritte Aufgabe befaßt sich mit dem Problem des genauen Übereinanderpassens zweier Werkstücke. Hierfür wird ein kopf loser Nagel in den einen Teil so tief geschlagen, bis nur noch wenig von ihm heraussteht. Dann wird Teil auf Teil gesetzt, aneinandergeklopft und wieder auseinandergenommen. Zieht man jetzt den Nagel heraus, so ist auf beiden Werkstücken der Ansatzpunkt für den Holzbohrer einwandfrei markiert. Danach ist nur noch darauf zu achten, daß winkelgerecht gebohrt wird. Hier kann ein aufgestellter Winkel und ein im rechten Winkel dazu Visierender helfen.

II. Anmerkungen ...

... zum Bildmaterial S. 27

Abbildung 27.1 zeigt eine Flächenkerbung, die vom Ornamentalen zum Darstellenden übergeht. Beachtenswert ist der Rhythmus der Schnittdichte: auf Partien mit enger Folge folgt spannungsreich ein leeres Feld, auf die Gruppierung in runden Formen folgt die der eher länglich dargestellten menschlichen Figuren. An ihnen kann ersehen werden, daß der Hirnschnitt (linke Figur) hin und wieder Schwierigkeiten macht – oder das Werkzeug stumpf war.
Abb. 27.2 zeigt eine Arbeit Pablo Picassos, an der das Vorgehen an Rundlingen besonders gut zu studieren ist. Es ist nachvollziehbar, daß zunächst die Kerben an Hals und Hüfte rundum die Proportionen festlegten. Dann wurde die Brustpartie vertieft, so daß die Armteile erkennbar werden. Auf ähnliche Weise erfolgte die Modellierung des Gesichts: Vertiefung oberhalb der Oberlippenpartie und langsames Abnehmen der Tiefe bis zum Augenansatz. Dadurch tritt der Korpus der Nase heraus. Dann Einkerben der Augapfelgrenzen, schließlich die Verbindung zwischen Nase und Augenbrauen. Ganz zum Schluß wird der Mund eingekerbt. Wichtig ist, das Prinzip aller skulpierenden Arbeit als Grundsatz zu erkennen: es wird immer vom Großen zum Kleinen gearbeitet, die Großform muß immer erst bestehen, bevor sie differenziert werden kann. Picasso war mit den Ergebnissen nicht zufrieden und ließ die angefangenen Figuren unvollendet stehen.
Abbildung 27.3 zeigt das Kerben von Balken, was zu einer sehr reduzierten, fast konstruktiv anmutenden abstrakten Skulptur führte. Constantin Brancusi, der aus einer rumänischen Bauernfamile stammt, hatte dieses Prinzip schon als Kind an den Veranden der Fachwerkbauten seiner Heimat gesehen und sich daran erinnert, als er an das Projekt der „unendlichen" Säule ging. Die hier abgebildeten Teile gehören zu einer Reihe von Proportionierungsversuchen. Später wurden die Elemente in Gips vervielfacht, in Metall gegossen und vergoldet. Die „Endlose Säule" wurde 1936 in Tirgu Jiu, Rumänien, in einem Ensemble mit anderen Plastiken Brancusis (Pforte des Kusses, der Tisch des Schweigens) aufgestellt. Damit hatte Brancusi, der um 1906/09 in Paris den Weg für die moderne Plastik auf einem meditativ-abstrahierenden Weg im Gegensatz zum damals bewunderten symbolischen Realismus eines Auguste Rodin freikämpfte, eines seiner ersehnten Ziele erreicht, seine Plastiken in ein Gesamtkunstwerk einordnen zu können.

... zu den Aufgaben S. 27

Die erste Aufgabe ist gelöst, wenn erkannt wird, daß es sich einerseits um den Gegensatz von Flächen- und Rundumkerbungen handelt, wobei bei letzteren ein runder oder eckiger Grundkörper Ausgangspunkt der Arbeit

war; andererseits sind ornamentale, gegenstandsbezogene und sich aus der Technik des Kerbens verselbständigende Formen entstanden.
Die zweite Aufgabe soll dazu anhalten, auch geringe Proportionsunterschiede auffassen und ausdeuten zu können. Die beiden Säulen in Abbildung 27.3 sind nur scheinbar gleich: die rechte ist schlanker und wirkt daher aufgereckter, die linke behäbiger.

III. Unterrichtsvorschläge

Anmerkungen zur Abfolge der Unterrichtsschritte

Erster Schritt
Das Arbeiten mit den Messern am Holz bedarf einer technischen und einer gestalterischen Einführung, die am besten mit dem Text auf S. 26, linke Spalte und den Zeichnungen besprochen wird. Gestalterische Fragen lassen sich anhand der Abbildungen 27.1–3 mit den Schülern klären.
Zweiter Schritt
Nach dem Aufzeichnen des Motivs, das nach Möglichkeit eher ornamental, in sich geschlossen als bildhaft individuell aufgefaßt werden sollte, beginnt das Kerben. Es ist für den Anfang besser, die Werkstücke entweder mit einer Zwinge am Tisch oder in der Werkbank zu befestigen. Eine Pappunterlage verhindert Beschädigungen der Tischoberfläche beim Ausrutschen des Werkzeugs.
Dritter Schritt
In einer Zwischenbesprechung wird Abbildung 26.3 mit dem Text erster Absatz S. 26, rechte Spalte durchgearbeitet. Es ist gut, wenn entsprechende Erfahrungen schon von den Schülern kommen oder Fehler an Werkstücken gezeigt werden können.
Vierter Schritt
Nach beendeter Arbeit kann die Fläche mit Glaspapier Körnung 120/150 überschliffen werden (immer einen Schleifklotz benutzen). Danach wird die Holzmaserung mit Einlaßgrund oder Wachs herausgearbeitet. Es ist wirkungsvoll, die Kerbungsflächen ganz oder teilweise, z. B. mit Plakafarbe, zu bemalen.

Anregungen für die Weiterarbeit

Abgesehen von der bereits angesprochenen Vielfalt der Möglichkeiten, im Kerbschnitt zu unterschiedlichen Ergebnissen zu kommen, gibt es außerdem reichhaltige Variations- und Anwendungsmöglichkeiten. Erwähnt sei die Möglichkeit, gekerbte Flächenstücke zu kleinen, kostbar anmutenden Kästchen zu fügen und dabei gleichzeitig einfache Holzverbindungen zu erlernen. Auch kann der Kerbschnitt mit farbiger Spachtelmasse ausgefüllt werden. Überschliffen ergibt sich eine Art Intarsienarbeit. Das kann zu der Idee führen, den Kerbschnitt in Sperrholz auszuführen, wobei lediglich immer nur die oberste Sperrschicht weggenommen wird. Die Nähe zum Linol- und Holzschnitt ist deutlich. Möglich ist auch, einmal eine kleine, eigenständige Intarsie aus Furnierresten herstellen zu lassen. Schließlich ist der Übergang in das frei gestaltete Holzrelief nicht schwierig. Es läßt sich unter Umständen umgekehrt verfahren, indem eine Holzplatte mit verschiedenen Holzfundstücken beschichtet wird. Hat man vom Maschinenabfall des Zurichtens aus einer Tischlerei genügend gleichförmige Abschnitte zur Verfügung, lassen sich diese zu Holzmontagereliefs weiterverarbeiten (Abb. 16, LH).

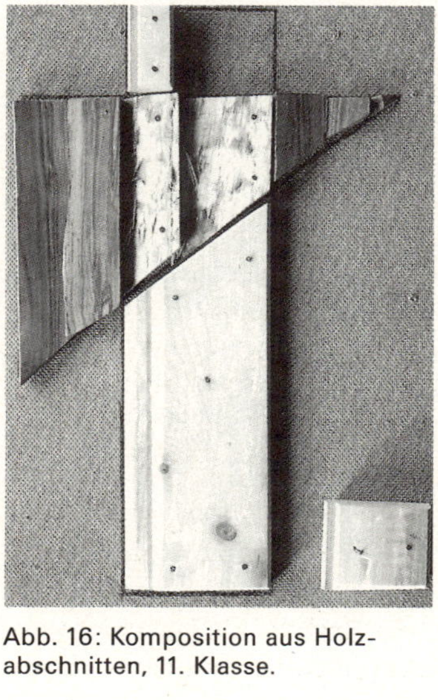

Abb. 16: Komposition aus Holzabschnitten, 11. Klasse.

MATERIAL STEIN (AH S. 28/29)

Materialien

Verschiedene Natur- und Kunststeine.

Arbeitsmittel

Spitzmeißel oder Betonnagel, Flachmeißel, Holz- oder Eisenhammer, Kiste mit grobem Sand oder Zwingen mit Holzklotz, Böcke oder Arbeitstische.

I. Sachinformationen

Technische Voraussetzungen

Es ist grundsätzlich zwischen Natur- und Kunststein zu unterscheiden. Naturstein ist erdgeschichtlich auf ganz unterschiedliche Weise entstanden. Man unterscheidet vor allem drei verschiedene Steingruppen: Sedimentgesteine (z. B. Kalkstein oder Sandstein sind durch Ablagerung und Druck entstanden), die metamorphen Gesteine (z. B. Granit, Marmor sind durch Aufschmelzen unter Druck und Auskristallisieren beim Erkalten entstanden) und das Massegestein (z. B. Lava, Tuff, Basalt sind durch Veränderungen herausgeschleuderter Magmamassen entstanden). Alle drei Grundarten müssen unterschiedlich bearbeitet werden. So besitzen Sedimentgesteine ein „Lager", d. h. die Masse ist in einer Richtung leichter spaltbar als in einer anderen.

Als Kunststein gelten alle nachträglich härtenden Materialien, die auf der Basis von betonartigen Bindemitteln und Steinzusätzen, den sog. Füllmaterialien, hergestellt sind. So ist schon der gebrannte Tonziegel ein Kunststeinprodukt, ebenso wie Ytong, Beton und mit Natursteinzusätzen veredelte Massen (z. B. Terrazzo).

Stein ist nicht unbedingt wetterbeständig. Haarrisse in Natur- und Kunststein lassen Wasser eindringen, das im Winter gefriert und langsam den Zusammenhalt des Materials zerstört.

Die Steinbearbeitung beim „Bild-hauen" geschieht durch das Prellen des Steins mittels verschiedener Werkzeuge. Dabei muß beachtet werden:

- daß die Meißelarbeit immer in Richtung zur Kernmasse geführt wird und nie umgekehrt, weil sonst unkontrolliert Teile abbrechen können;
- daß das Ausgangsmaterial in allen Phasen der Herstellung dort aufliegt, wo geschlagen wird. Hohlstellen können dazu führen, daß der Block (gleichgültig ob Natur- oder Kunststein) auseinanderbricht;
- daß der Bildhauer zunächst immer die Grundformen aus der Materialmasse auslöst und erst in weiteren Durchgängen die differenzierenden Kleinformen erarbeitet.

Man unterscheidet Hiebwerkzeuge (Picke, Beil, Spitzfläche) von Schlagwerkzeugen (Spitzeisen, Zahneisen, Schlageisen). Während die einen mit Stiel von Hand geführt werden, müssen die anderen durch den hölzernen Knüppel (weicher Schlag) oder den eisernen Fäustel (harter Schlag) vorangetrieben werden.

Eine Glättung der geschlagenen Oberfläche – falls erwünscht – geschieht immer durch Reiben, meist mit Korunt- oder Bimsstein, später mit Schleifmitteln verschiedener Körnung.

Gestaltungsmöglichkeiten

Es gibt drei Möglichkeiten des Umgangs mit Stein:

1. unbearbeitete, mehr oder weniger große Steine zu sammeln, aufzurichten und mit ihnen zu bauen (Bruchsteinbau; im Kunstbereich z. B. Abb. 36.1);
2. Steine mittels Steinmetztechniken in einem Vorfertigungsprozeß als Bauelemente herzustellen und zu versetzen (Werksteinbau, im Kunstbereich z. B. Bismarckdenkmal in Hamburg-Altona);
3. Steine mit mehr oder weniger einfachen Mitteln bildnerisch durch Prellen oder Reiben zu bearbeiten (Skulpturenherstellung, Abb. 29.1/2).

In der Schule ist das Arbeiten in Stein nur mit Einschränkungen möglich. Da die Steinbearbeitung aber zu den ältesten Techniken der Menschheit gehört, ist dazu wenig Aufwand nötig. Ein Kalkziegelstein, ein größerer Betonnagel und ein in jedem Haushalt vor-

handener Hammer entsprechen dem Werkzeug, mit dem die archaischen Bildhauer Griechenlands ihre Bildwerke aus Marmor schufen. Weichere Kalksandsteine können, dort wo sie örtlich vorkommen, ohne weiteres im Unterricht bearbeitet werden. Damit ist die Palette der Möglichkeiten auch schon erschöpft. Von Sandstein ist aus gesundheitlichen und technischen Gründen abzuraten, und Marmor ist schon so hart, daß die umherspritzenden Teilstücke es nicht mehr erlauben, in einer dicht stehenden Gruppe zu arbeiten.
Im Kunstgußbereich eröffnet sich eine Möglichkeit mit dem schnell abbindenden Tonerdeschmelzzement. Das Pulver wird mit wenig Wasser breiig angerührt und in Gipsnegativformen gestrichen oder gegossen. Nach dem Abbindeprozeß wird die Gipsform abgeschlagen (verlorene Form). Der entstandene Kunststein ist wetterbeständig.

II. Anmerkungen ...

... zum Bildmaterial S. 28/29.
Abbildung 28.1 illustriert das Arbeiten mit dem Spitzeisen. Hält man das Eisen flach wie in der Zeichnung, lassen sich größere Brokken vom Stein abprellen. Je steiler man das Eisen hält, desto weniger Material geht ab. Schlägt man weich, entsteht nach und nach eine rauhe, sehr plastische Oberfläche, bei der man zögert, ob sie noch mit dem Flachmeißel (Abb. 28.3) oder Korundstein (Abb. 28.4) geglättet werden soll (Abb. 29.2). In Abbildung 28.2 werden das Zahneisen und seine oft kreuzweise verlaufenden Spuren angedeutet. Für den Anfänger ist es deswegen brauchbar, weil er an den Spuren seinen Schlag in Tiefe und Verlauf kontrollieren kann, was beim Spitz- und Flacheisen schwieriger ist. In Abbildung 28.4 wird der Einsatz verschiedener Werkzeuge gezeigt, die zum feineren Formgeben und Glätten verwendet werden. Korundsteine, früher kostbarster Besitz einer Steinwerkstatt, sind heute leicht zu haben. Die gebogenen Riffelraspeln (Mitte rechts) sind – besonders auch für Speckstein – äußerst praktische Werkzeuge. Da sie von Hand geschlagen werden müssen, sind sie sehr teuer (um 40,– DM pro Stück).
Die Abbildungen 29.1 und 29.2 zeigen zwei marmorne Steinbildwerke. An dem noch unfertigen Werk Michelangelos (links) kann seine Arbeitsweise abgelesen werden: Die Figur ist äußerst knapp in den Block hineingedacht. Oft ist die Grenze des Blocks schon die eines Körperteils, wie etwa beim rechten Unterschenkel oder linken Oberarm. Der Bildhauer hat von vorne in die Tiefe geschlagen; es wirkt, als habe er die Figur wie in einem Zugriff aus dem Stein befreit. An der Rückenbegrenzung ist zu erkennen, daß er dies in drei Arbeitsgängen getan hat: Spuren des groben Vorschlagens finden sich noch rechts unten. Dann wird die Form gesucht, aber ca. 1 cm vor der endgültigen Oberfläche Stein stehen gelassen. Am Ellenbogen links ist diese Schicht noch zu sehen. In einem dritten Arbeitsgang wird mit Zahneisen die endgültige, lebendige, plastische Oberfläche des Körpers ausgearbeitet, die anschließend noch geglättet werden kann.
Michelangelo war nicht nur dieser Technik wegen berühmt, obwohl sein sicherer Schlag schon zu seinen Lebzeiten bewundert wurde. Noch größere Berühmtheit erlangte er durch seine Fähigkeit, die Figuren im Stein schon im voraus denken und das überflüssige Material genau abschlagen zu können. Als er den „David“, eine über fünf Meter hohe Jünglingsstatue, ausschlug, hatte er einen schon verschlagenen Stein vor sich, den niemand mehr bearbeiten konnte, da das darin befindliche Loch zwischen Stand- und Spielbein andere Bildhauer gehindert hatte, daraus noch eine stehende Figur werden zu lassen. Michelangelo gelang dies und er wurde dadurch schlagartig berühmt.
Der geniale Bildhauer (Medicikapelle Florenz), Architekt (Kuppel von St. Peter, Rom) und Maler (Sixtinische Decke, Rom) war gleichzeitig ein vielgerühmter Festungsbaumeister, Anatom, Dichter und Sprachgelehrter, der die Renaissancefigur zur Vollendung führte, den Manierismus erfand und die Vorformen des Barock schuf.

Den österreichischen Bildhauer Fritz Wotruba interessierte nicht so sehr die innere Dynamik als vielmehr die Gesetze der Statik, an die er sich sein Leben lang in immer reduzierteren Formen heranarbeitete.
Seine Plastik ist aus ineinandergeschobenen Kuben gebildet und strahlt eine ruhig-majestätische Monumentalität aus. Er ging von allen Seiten gleichzeitig an den Block heran, wodurch es ihm gelang, die ruhende senkrechte Achse in diesem Aufbau zu wahren. Fritz Wotruba lernte in seiner Jugend die klassische Sprache der Plastik. 1938 mußte er vor den Nazis in die Schweiz fliehen. Nach dem Krieg setzt sein zähes Ringen um die innere Statik der Statue ein, was am Ende seiner künstlerischen Laufbahn zu der Konsequenz führte, sich der kubischen Architektur (Kirche zur heiligsten Dreifaltigkeit, Wien) zuzuwenden.

... zu den Aufgaben S. 28/29
Alle drei Aufgaben der Seite 28 dienen dazu, die Jugendlichen für die Welt, in der sie leben, sensibel zu machen und für Unscheinbares zu interessieren.
Der Vergleich der Formen und der Bruchstruktur – auch mit einer Lupe – eröffnet neue Erfahrungsbereiche. Die verschiedene Wirkung von Architektur aus unterschiedlichen Materialien (Putz – Ziegel – Naturstein – Haustein – Beton – Fliesen) und deren Differenzierung (wieviel Ziegelsteinfarben und -oberflächen gibt es im Ort) können vom Schüler bewußter wahrgenommen und als Charakteristikum einer Heimat erkannt werden.
Die Aufgabe S. 29 ist gelöst, wenn Schüler die schichtenweise feiner werdende Arbeit Michelangelos (Text S. 28) gegen die einfach gespitzte Wotrubas absetzen, die plastischen Rundungen der Flächen, das Bewegte vom Ruhig-Lagernden unterscheiden.
Die zweite Aufgabe ist aufgrund des kleinen Abbildungsmaßstabes etwas schwerer zu lösen, doch können bei genauerer Betrachtung der Abbildung 29.2 die Spuren des Spitzeisens und das nachträgliche Überschleifen sicher erkannt werden.

... zur psychologischen Situation
Im Gegensatz zum antragenden, plastischen Arbeiten, das in unterschiedlichen Formen ab der Vorschule möglich ist, rechtfertigt sich die Steinarbeit für den Schüler pädagogisch und psychologisch nur, wenn die Schüler eine Grundbedingung erfüllen, die entwicklungs- bzw. altersabhängig ist: Er muß in der Lage sein, das überflüssige Material wegschlagen zu können, damit aus dem, was er nicht bearbeitet hat, das hervortritt, was er als Ziel seiner Arbeit ansieht.
Der dafür noch nicht gerüstete Schüler greift dann zu einem Behelf: er ritzt mit dem Meißel die gemeinten Inhalte in den Stein. So kommt es, daß er z. B. bei einer Kopfplastik gerne Augen, Mund und Nase zuerst vertieft in das Material gräbt, um die für ihn wesentlichen Teile eines Gesichtes erst einmal „gesichert" zu haben. Es geht ihm auch gar nicht um die Plastizität, sondern um die symbolische Kennzeichnung des von ihm Gemeinten.
Aller Erfahrung nach nützen hier keine noch so klaren und vernünftigen Erklärungen der Aufgabenstellung. Die Mühe ist verschwendet, weil sich der Betreffende den Formbeständen der Wirklichkeit um weniges später von sich aus öffnet und dann auch an Formfragen der Realitätswahrnehmung interessiert ist.
Der Lehrer sollte sich im Rahmen von kleineren plastischen Arbeiten vergewissern, wie viele seiner Schüler noch zum „Zeichnen" im Material neigen.
Im Bereich der akzeptablen Zwischenstufe zu einem plastischen Oberflächenverlauf entstehen Arbeiten, die etwas von der herben Großartigkeit romanischer Plastiken besitzen können. Alle Volumen werden nur positiv gewölbt und die Gegenstandsgrenzen werden als Grate oder Kerben gefaßt. Gerade aber in diesem Zustand wirken die Arbeiten (eher allerdings im großzügiger anzugehenden Material Ytong oder Holz als etwa in Speckstein) am schönsten. Der Lehrer sollte allerdings daran denken, daß er vor allem die Aufgabe zu „entwickeln" und nicht zu ästhetisieren hat.

III. Unterrichtsvorschläge

Anmerkungen zur Abfolge der Unterrichtsschritte

Die Einführung in die Steinarbeit sollte mit Hilfe des Textes S. 28 und nach Erfüllung der ersten Aufgabenstellung geschehen. Es ist wichtig, daß die Bearbeitungsgesichtspunkte, einmal gelesen, auch in Wirklichkeit aufgesucht werden – vielleicht auf einem Unterrichtsgang in die nähere Umgebung. Zwischen dem Text S. 28, rechte Spalte (Die Gestaltung einer ...) und der Betrachtung der Bilder könnte ein eigener Versuch mit Ziegelstein und Betonnagel stehen. Erst dann wäre es sinnvoll, die Unterrichtsfolge mit der Betrachtung der Abbildungen 29.1 und 29.2 abzuschließen, oder zur Bearbeitung von Speckstein oder Ytong überzuleiten.

SPECKSTEIN (AH S. 30)

Materialien

Specksteinstücke

Arbeitsmittel

Fuchsschwanz, Raspel, Schleifpapier, Zeitungen

I. Sachinformationen

Technische Voraussetzungen
Speckstein – auch Seifenstein genannt – gehört zu der mineralischen Gruppe der Talke oder Steatite. Er kommt in den Epizonen kristalliner Schieferreihen vor: in Mitteleuropa, in Schweden, Italien, Ägypten, Kanada, Indien, China und dem Ural.
Er hat je nach Zusammensetzung andere Namen und unterschiedliche Färbungen vom fast Schwarz über Grün, Braun und Grau bis zum Weiß. Er bricht schuppig/schalig, ist hin und wieder auch rissig und kann entlang dieser Struktur leicht gespalten, in Querrichtung aber nicht mit dem Meißel bearbeitet werden. Er läßt sich gut mit Abriebwerkzeugen wie Säge, Raspel und Schleifpapier formgenau bearbeiten, da er zwar weich (Härtegrad 1/1,2), aber von relativ hoher Dicht (2,8) ist.
Im Naßschliff mit 600 bis 800 Körnung wird er glänzend und zeigt ein marmorähnliches Aussehen. Schon die Ägypter verwendeten ihn für Plastiken, während er in Südostasien zu Dosen und Töpfen abgedreht wird und in Turnhallen als „Talkum" auftaucht.
In Deutschland ist er über Schulmaterialverlage zu beziehen. Die Stücke sind Abfall aus den Abbaubetrieben und von teilweise recht unterschiedlicher Qualität. Alle Eigenschaften des Specksteins sprechen dafür, ihn als originales Material der Bildhauerei im Unterricht zu nutzen. Von feinster Struktur, eignet er sich hervorragend für kleinplastische Arbeiten. Da er relativ schwer ist, sollte man sich aber über die Kosten im voraus klar werden. Schüler benötigen erfahrungsgemäß für eine kleinere, aber ansehnliche Arbeit 1,5 bis 2 kg.

Gestaltunsmöglichkeiten
Ein zufällig geformtes Stück Stein kann der Anlaß zu einer Plastik sein. Die gebrochenen Flächen und die unregelmäßige Form regt an, in seine gegebene Form eine Figur hin einzusehen oder der Bruchstückform einfach glättend und begradigend nachzugehen. Auf diese Art entstehen auch problemlos gegenstandslose Plastiken. Die Gestaltungsidee ist mit dem Material verbunden und kann direkt in den Stein hineingearbeitet werden, – ohne Skizze, ohne Tonmodell.
Eine andere Vorgehensweise ist notwendig, wenn man gesägte Stücke vor sich liegen hat. Dann gilt, was im folgenden Abschnitt über Ytongblöcke gesagt wird (siehe S. 80 ff, LH und Abb. 19–21, LH).

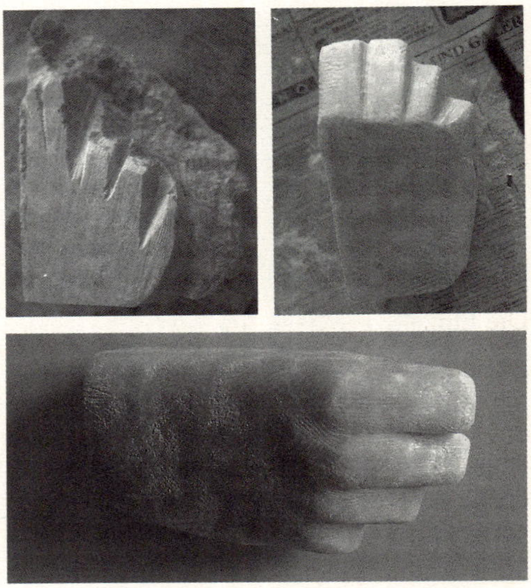

Abb. 19–21: Entstehen einer Specksteinhand aus gesägtem Block

II. Anmerkungen …

… zum Bildmaterial S. 30
Die Abbildungen 30.1, 30.2 und 30.4 zeigen die Specksteinplastik von der einen, Abbildung 30.3 die gleiche Plastik von der anderen Seite. An den sich gegenseitig überschneidenden Teilvolumen läßt sich verdeutlichen, wie die Neugier des Betrachters gesteigert werden

kann, damit er von sich aus um eine Freiplastik herumgeht. Er sieht z. B. schon Teile unvollständig und kann sie noch nicht dem Ganzen zuordnen.

... zu den Aufgaben S. 30
Die erste Aufgabe läßt sich durch genaues Betrachten der Bildabfolge lösen.
Die zweite Aufgabe ist auf unterschiedliche Art lösbar. Vergleiche hierzu den Abschnitt „Arbeiten mit Ytong“ im Teil „Anregungen zur Weiterarbeit“ (siehe S. 83, LH).

III. Unterrichtsvorschläge

Anmerkungen zur Abfolge der Unterrichtsschritte

Beim Arbeitsbeginn ist es wichtig, sich eine ungefähre Vorstellung von dem zu machen, was der „Stein“ hergeben soll. Ein Modell aus Ton oder Plastilin sollte allerdings auf keinen Fall vorher angefertigt werden: es bindet zu stark an vorgefaßte Vorstellungen und verhindert, daß auf Eigenheiten des Steinmaterials sensibel reagiert wird. Wie auch immer begonnen wird, immer ist vom Großformigen zum Kleinformigen, vom Ganzen zu den Details schrittweise vorzugehen.
Die Einzelschritte sind im Text S. 30 dargelegt und sollten vor Arbeitsbeginn gelesen und stichwortartig an der Tafel notiert werden.
Der Schüler neigt dazu, sich auf eine Ansicht zu fixieren und diese schon zu detaillieren, bevor er andere Seiten des Steins in seine Betrachtungen einbezogen hat. Hier muß ihm begreiflich gemacht werden, daß es wichtig ist, den Stein bereits im Verlauf der ersten Abtragungsarbeiten nach allen Seiten zu drehen. Er muß überlegen, welche Konsequenzen sich für die anderen Seiten des Steins ergeben aus dem, was er bisher abgetragen hat. Erst eine auf allen Seiten grob festgelegte Form erlaubt es, die angedeuteten Teilvolumen deutlicher und genauer herauszuarbeiten.
Hin und wieder gehen Schüler allzu vorsichtig zu Werke. Sie bleiben dann mehr oder weniger im Relief und finden nicht zu einer volumengeprägten Plastik. Abhilfe schafft die Kennzeichnung der Höhen mit dem Bleistift oder Faserschreiber, um über sie nicht hinwegzuarbeiten, wenn in die Tiefe gegangen werden soll.
Teilbereiche des Steins können als Bruchoberfläche – im Bossen, wie der Bildhauer sagt – belassen werden. Ein oder zwei Dias – z. B. aus dem Lebenswerk Rodins – könnten hier als Zwischenbetrachtung helfen, die eigenen Vorstellungen zu bilden oder zu unterstützen.
Das, was beim Arbeiten in weichen Materialien mit Schülern in der Regel nicht gelingt, weil es sehr viel Konzentration und Ausdauer braucht, die Oberflächen plastisch auszuspannen, ergibt sich beim Arbeiten in Speckstein fast von selbst. In einer Zwischenbesprechung sollte deutlich gemacht werden, wie der Stein „richtig“, d. h. plastisch glatt geschliffen wird. Da sich die Höhen leicht und die Tiefen verhältnismäßig schwer glatt schleifen lassen und das eine Spaß, das andere Mühe macht, sollte beim Schleifen immer mit den Tiefen begonnen werden. Erst zum Schluß werden auch die Höhen leicht überschliffen.
Das Schleifpapier – zum Anfang Körnung 80 oder 100 – wird in kleinen Stücken benutzt, die noch einmal gefaltet werden, um einen besseren Widerstand zu erreichen. Hierdurch „spannt“ sich die Form von selbst, was der Schüler oft gar nicht wahrnimmt.
Nach dem ersten Glättungsprozeß macht es Sinn, die Arbeit in einem Eimer Wasser anzufeuchten, um die im Stein bisher verborgene Färbung sichtbar werden zu lassen. Hier setzt die Besprechung des Endzustands der Plastik ein. Dort, wo Störungen im Stein auftauchen, sollte die Oberfläche rauh belassen werden.
Der Schleifvorgang muß mit immer feineren Körnungen mehrfach wiederholt werden. Wer mit Körnung 100 geschliffen hat, sollte nun zu Körnungen zwischen 180 und 320 greifen. Je nach Dichte des Steins beginnt Schleifpapier sich zwischen den Körnungen 320 und 420 von selbst zuzustopfen. Jetzt muß unter Wasser – mit sogenanntem Flint-

papier (wasserfeste Schleifpapiere, die es in jedem Autozubehörladen zu kaufen gibt) – weiter geschliffen werden. Wer eine seidenmatt glänzende Oberfläche erreichen will, muß das Werkstück mindestens mit Körnung 600 durchgeschliffen und mit einem Stück grob gestrickter Wolle kräftig nachgerieben haben.
Eine weniger aufwendige Methode besteht darin, seine Plastik nach dem Schliff der Körnung 320/400 mit Fahrradöl einzureiben. Auch dann tritt die Maserung in Erscheinung. Der Nachteil ist, daß das Öl allmählich verharzt und die Oberfläche „blind" wird. Der Künstler vermeidet diese Spartechnik, die aber im Unterricht durchaus ihren Sinn haben kann.
Specksteinplastik bietet sich an, frei auf der Untergrundfläche zu liegen. Soll das Werkstück aufgesockelt werden, muß an der Stelle des Standes ein Loch in der Stärke eines Nagels in die Sockelplatte und die Plastik gebohrt und Nagel, Sockel und Plastik mit Zwei-Komponenten-Kleber verbunden werden. Für die Bohrung wird die Bohrmaschine flach auf die Tischfläche gedrückt und die Plastik auf den laufenden Bohrer zubewegt, nachdem sie mit Holzkeilen oder Stoffballen „eingerichtet" worden ist (Abb. 22, LH). Wer frei bohrt, läuft Gefahr, daß das Material ausbricht.

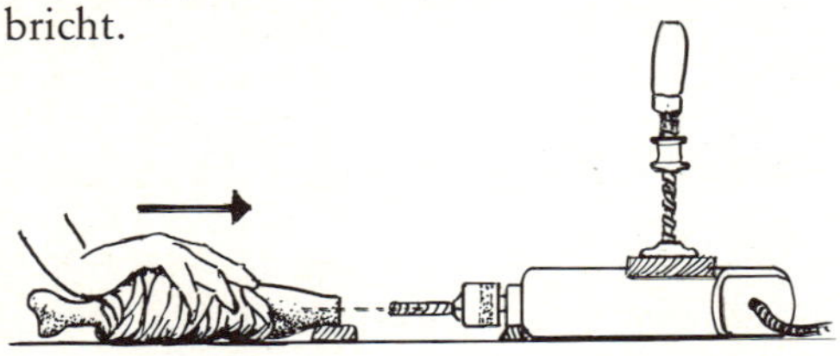

Abb. 22: Bohren eines Lochs in eine Specksteinplastik mit wenig Grundfläche.

In einer Abschlußbesprechung sollen die Schüler untereinander Vergleiche über die verschiedenartigen Bearbeitungsmethoden und die mehr oder weniger gelungene Erfüllung der gesteckten Unterrichtsziele anstellen. Auch über eine Vitrinenausstellung im öffentlichen Teil der Schule könnte nachgedacht werden.

Anmerkungen zur Unterrichtsorganisation

Speckstein wird meist in Jutesäcken mit Holzwolle verschickt. Es bietet sich an, zu Beginn einer Arbeitsphase mit Speckstein den Sack im Beisein der Klasse zu öffnen. Nach und nach kommen die verschieden großen und unterschiedlich gefärbten Stücke zum Vorschein. Jeder darf die Stücke in die Hand nehmen, sie betasten, wägen und umwenden. Oft bilden sich schon jetzt Vorlieben für ein bestimmtes Stück. Andere finden das Steinstück zu groß und wollen es „teilen". Die Steine lassen sich von Hand durchsägen. Sie können auch mit der Bandsäge, nie aber auf der Kreissäge geteilt werden.
Während einige an einem eigens dafür hergerichteten Tisch (Holzunterlage) damit beschäftigt sind, die zu großen Stücke mit einem Fuchsschwanz zu zerteilen, verteilen andere auf jedem Arbeitsplatz eine Lage Zeitungspapier. Sie ist ein gutes Lager für den Stein und dient dem Schutz der Tischoberfläche.
Zwischenbesprechungen sollten immer wieder eingeschoben werden und um einen Tisch herum durchgeführt werden, auf dem ausgewählte Arbeiten liegen, die deutlich machen, um was es geht. Besprechungskriterien können vom Lehrer durch die Themenstellung vorgegeben werden, oder von den Schülern im Laufe der Betrachtung gefunden werden. Dias und Reproduktionen von Plastiken bieten ebenfalls Anregungen und Gesprächsstoff.
Die Jugendlichen sind im Zeitalter der flächig reproduzierenden Medien vom Sehen und Erleben plastischer Qualitäten so weit entfernt, daß hier faktisch Neuland betreten wird. Jedes Besprechen von Bildern dient also der Seherziehung. Die gemeinsame Betrachtung von exemplarischen Plastiken im Zusammenhang mit der Aufgabenstellung dient auch der Wortschatzbildung. Schüler finden kaum noch von sich aus Worte wie Höhlung, Wölbung, Buckel oder ähnliche plastisch-körperhafte Begriffe.

Anregungen für die Weiterarbeit
Wenn die Schüler erst einmal Feuer gefangen haben, wünschen sie oft, größere Arbeiten anfertigen zu dürfen. Allerdings: In der Steinarbeit geht nichts „schnell“, sondern nur Schritt für Schritt. So muß die Weiterarbeit hin und wieder in den häuslichen Bereich verlagert und nur die Korrektur kann gemeinsam in der Schule durchgeführt werden. Thematisch ist es möglich, von den formal folgenlosen Handschmeichlern zu festeren formalen (drei Kuben verschoben übereinander; Lochplastik) oder werktechnischen (z. B. nur Sägen) Anforderungen zu gelangen oder vom gegenständlich-flachen Bereich (Schildkröte; Echse; Vogel) zu aufrecht stehenden Figuren zu gelangen. In höheren Klassenstufen kann der Stein auch zueinander frei montiert werden.

ARBEITEN IN YTONG (AH S. 31)

Materialien

Ytongplatten oder -blöcke

Arbeitsmittel

Spitz- und Zahneisen, Raspeln, grobes Schleifpapier

I. Sachinformationen

Technische Voraussetzungen

Der Name „Ytong“ ist ein Kunstwort, gebildet aus den Anfangbuchstaben des Firmenherstellers Yxhults Stenhuggeri und dem dazu gebildeten schwedischen Wort „gasbetong“. Heute wird meist für Leichtbausteine aus gehärtetem Porenbeton der Begriff „Gasbeton“ verwendet.

Ytong wird aus einem Gemisch aus Zuschlagstoffen wie Quarzsand, Steinkohlenflugasche und Zement oder Kalk hergestellt, der mit gasbildenden Mitteln (z. B. Aluminiumpulver, Wasserstoffperoxid, Calziumcarbid) versetzt als sämiger Brei in Formen gegossen wird. Hier quillt die Masse porig auf. Nach dem Abbinden werden die Rohlinge mit Stahldraht auf Format geschnitten und mit Dampfdruck ausgehärtet. Ytong ist ein Material von porig-schwammartigen Charakter, das leicht zu handhaben und zu bearbeiten ist. Ein Nachteil dabei ist die erhebliche Feinstaubbildung. Das Material ist spröde, springt bei Druck oder Hohllage leicht, hat aber den Härtegrad 7 bis 8, d. h. es ist etwa so hart wie Granit. Es sollte stets nur mit alten Holz- oder Steinwerkzeugen bearbeitet werden.

Ytong wird in unterschiedlichen Blockformaten in dunkelgrauer und weißlicher Färbung an Baumärkte geliefert. Geeignet für die Schule sind Stärken ab 10 cm bis 30 cm und Höhen bis zu 125 cm.

Gestaltungsmöglichkeiten

Die Blöcke haben ein geringes Anregungspotential. Vorstellungen müssen also im Gegensatz zu Specksteinbruchstücken im Voraus gebildet werden. Dabei sind es grundsätzlich zwei Wege, die unterrichtlich gegangen werden können: der zum Relief und der zur Freiplastik. Im ersten Fall wird mit Platten, im zweiten mit Quadern gearbeitet. Eine Entwicklung von der einen zur anderen Form ist möglich (vgl. Weiterführungen, Abb. 23–26, LH).

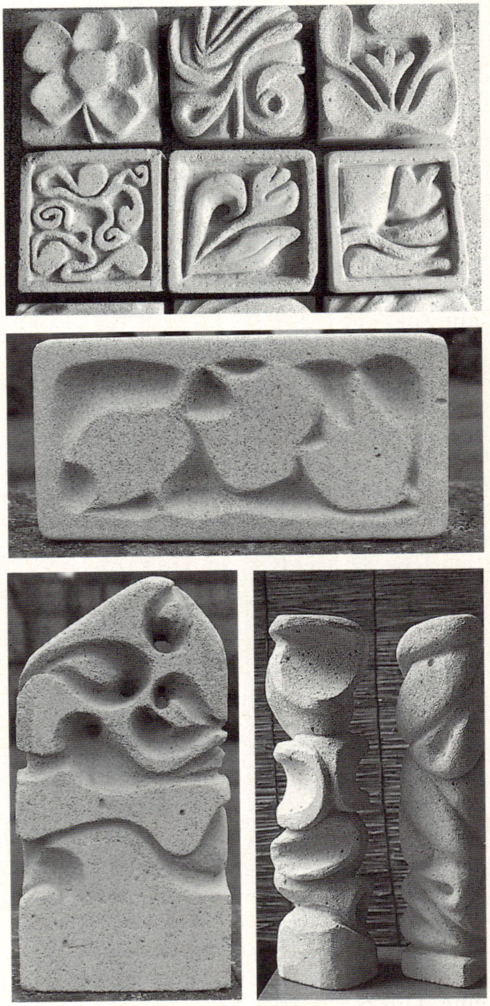

Abb. 23–26: Vom Relief zur Freiplastik aus Ytong

Da die Oberfläche porös ist, müssen in jedem Fall großzügige Formen entwickelt werden. Das Material selbst hält keine

schmalen Grate aus und streikt schnell, wenn eine Detailüberforderung ansteht. Hier muß der Lehrer von vorneherein durch geeignete Themenstellungen, aber auch durch Werkzeugauswahl und Technik lenken.
Die Oberfläche kann durch Einsägen linear gegliedert und Ränder sowie Binnenflächen können durch Abschrägen der Kanten differenzierter bearbeitet werden. Ein Relief mit Rahmen entspricht der klassischen Reliefform, ohne Rahmen ist eine Belebung des Grundes bis zur vollständigen Auflösung möglich, d. h. alle Bereiche des Reliefs sind dann „Figur". Eine freiplastische Lösung wird erreicht, wenn z. B. Blattwerk um einen Kern – den ursprünglichen Reliefgrund – herumgezogen wird, was noch wie eine Abwicklung von Relief aussehen kann.
Besser gelingt der Weg über die Einbeziehung des Grundes zu Figur bei gleichzeitiger Auflösung der geschlossenen Form. Dadurch werden Seiten wie von selbst in die Bearbeitung einbezogen.
Der endgültige Sprung zur Freiplastik gelingt, wenn der Block diagonal, d. h. über die Ecken bearbeitet wird. Ganz deutlich wird dann die Notwendigkeit, zwei Seiten als plastisch-freiräumliche Abfolgen gleichzeitig im Blick zu behalten, was für die beiden gegenüberliegenden Seiten ebenso gilt. Durch die Erkenntnis, daß ein freiräumlicher Zusammenhang nur über die Weiterführung von Positiv und Negativ möglich ist, entstehen – übereck gearbeitet – freiplastische „Säulen" von hohem plastischen Ausdruckswert, an denen auch schon Probleme der Ansichtsbildung einer Plastik besprochen werden können.

II. Anmerkungen ...

... zum Bildmaterial S. 31
Da das Anregungspotential gering ist, wird eine Umrißskizze (Abb. 31.1) auf einem Papier angefertigt, das der Quaderfläche ähnlich ist. Danach wird eine maßstabsgerechte Werkzeichnung (Abb. 31.2) angefertigt. In ihr sollte durch Schraffuren angegeben sein, was vom Block wegzuschlagen ist. Abbildung 31.3 ist das Ergebnis. Im Vergleich zur ersten Zeichnung ist deutlich eine Straffung der Formen und eine Klärung der räumlichen Lage von Flächen erkennbar.

... zu den Aufgaben S. 31
Die erste Aufgabe ist gelöst, wenn der weiche, tastende Umriß der Zeichnung vom begradigten Kontur der Plastik unterschieden werden kann, und die plastische Lösung des Übergangs vom Kopf zum Rumpf sowie Vorderbeinansatz zu Kopf gesehen wird.
Die Lösung der zweiten Aufgabe ergibt sich aus dem Text.

III. Unterrichtsvorschläge

Anmerkungen zur Abfolge der Unterrichtsschritte
Erster Schritt: Relief
Die erste Aufgabenstellung verlangt die Herstellung eines Reliefs aus einer zweigeteilten Ytongplattte (quadratisches Format). Es soll ein Relief mit pflanzlichen Motiven (Blüten, Blätter, Baum) hergestellt werden. Jeder zeichnet mit Tafelkreide, die keine Feinheiten zuläßt, Ornamente, Blüten, Blätter etc. als Konturen auf. Begonnen wird mit dem Abstechen zum scharf abgesetzten Grund, danach Binnenbehandlung durch Positiv- und Negativausformung. Die Arbeit kann mit oder ohne Rahmen gefertigt werden.
Wer differenzieren will, kann dies im figurativen Teil dadurch tun, daß in die Positivwölbungen und Negativmuldungen Grate und Kerben (Blattrippen, Stengel) eingearbeitet werden. Für Anfänger ist eine klare Figur-Grund-Trennung hilfreich.
Zweiter Schritt: Relief
Nun wird die Gleichwertigkeit von Positiv und Negativ zum Thema erhoben – der Reliefgrund wird nicht mehr als Grund ausgeschieden, sondern in das Ganze miteingearbeitet.
Dritter Schritt: Relief
Die beiden Seiten einer Platte von 15 cm Stärke werden durch die Gestaltung eines Lochs und durch die Bearbeitung der Blocktiefe miteinander verbunden. Das Loch muß

sich von einem Durchbruch dadurch unterscheiden, daß es ein positiv gestaltetes Stück Luftraum innerhalb der Plastik wird. Da das Loch nicht einfach durchgebohrt, sondern von beiden Seiten angegangen werden muß, damit nicht große Placken ungeplant abspringen, wird hier auch der Tast- und Ortssinn jedes einzelnen unmittelbar angesprochen (Abb. 27, LH).

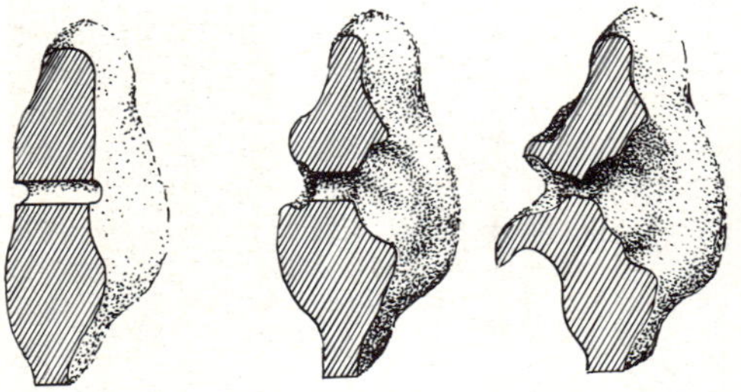

Abb. 27: Drei Möglichkeiten, in einer Plastik einen Durchbruch (Loch) bewußt zu gestalten: ungestalteter Durchbruch durch ein Bohrloch, statische Ausformung eines plastisch gestalteten Lochs, dynamische Ausformung durch Einwirken einer Kraft von rechts nach links

Das Loch läßt sich als eine statische Verbindung von einer Seite zu einer anderen interpretieren. Es müßte dann durch positive und negative Verformungen der Blockfläche entsprechend vorbereitet werden. Das Loch kann auch als dynamischer Prozeß des Durchdringens einer Masse aufgefaßt werden. Dann müßten auf der Seite des Auftreffens der Kraft auf die Blockfläche Höhlungen geformt werden, während die Ausstoßseite eher mit positiven Wölbeformen versehen werden müßte, um den Eindruck des Vorgangs der Durchdringung zu erreichen.

Die Herstellung einer Freiplastik ist auf der Seite 31 im Schülerarbeitsheft hinreichend beschrieben: der Stier als blockhaft-massige Plastik mit meist positiven Volumen, bei denen die negativen Teilbereiche/Durchbrüche dennoch eine entscheidende Rolle bei der Ausdrucksfindung spielen. Auch das Thema „Eulen" ist gut geeignet, da Positiv- und Negativformen in einer kompakten Gesamtform dicht aneinanderstoßen (Abb. 28/29, LH).

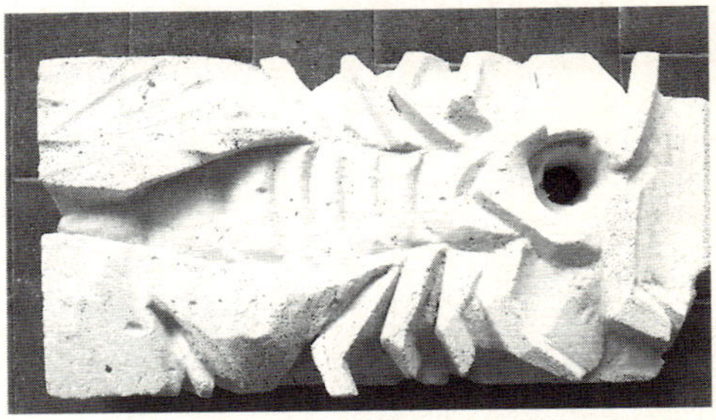

Abb. 28: Skorpion – Ytongrelief mit nur schräg liegenden Flächenteilen und Kerben, 12. Klasse

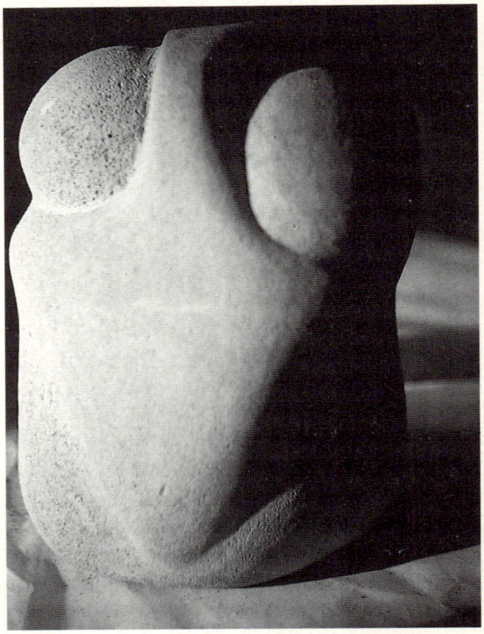

Abb. 29: Eule – Ytongfreiplastik mit annähernd stereometrischen Teilkörperformen, 11. Klasse

Anmerkungen zur Unterrichtsorganisation

Das Arbeiten mit Ytong ist eine Sommertechnik – sie sollte, wenn möglich, wegen der Feinstaubbildung im Freien stattfinden. Benötigt wird außerdem ein grober (Stroh-) und ein feiner (Haar-) Besen, eine stabile Kehrschaufel sowie eine Abfalltonne, um den anfallenden Abfall zu beseitigen. Es sollte nach Möglichkeit jeder einen Tisch als Arbeitsplatz haben, da unterschiedliche

Arbeitsvorgänge gegenseitig behindern. Das Tragen von Schutzbrillen ist nicht – wie bei anderen Steinarbeiten – dringend erforderlich, beruhigend ist es aber doch.

Anregungen für die Weiterarbeit

Mitunter läßt sich auch ganz frei und emotional arbeiten. So kann z. B. mit einer Gartenhacke ein Kopf aus einem Block 30 mal 40 cm frei herausgeschlagen werden. Die Nase des Gesichts soll eine der Blockkanten sein, d. h. die Bearbeitung beginnt mit dem diagonal gestellten Block. Nur so gelingen besonders plastische Köpfe und die Werkspuren des Arbeitsprozesses verhelfen zu ausdrucksstarken Ergebnissen, die nicht nur am Naturvorbild orientiert sind.

Neben dem vollplastisch-skulpierenden Ansatz ist auch ein blockhaft-montierender Ansatz möglich, dessen Ziel eine größere Gemeinschaftsarbeit sein kann. Zuerst werden Blöcke passgenau aneinandergesetzt. Zwei Blöcke von 30 mal 35 cm Stärke und 40 cm Höhe sind dann jeweils von zwei Teilnehmern so zu bearbeiten, daß sich im Übereinanderstellen eine Rundplastik ergibt. Die Bearbeitung der Massen soll aus den Blockkanten heraus beginnen. Zunächst aber müssen sich die jeweiligen Partner auf ein Konzept einigen, Übergangsstellen der Vertiefungen und Erhöhungen festlegen und gemeinsam Differenzierungsmöglichkeiten besprechen und ausführen. Jeder bearbeitet seinen Teilblock und beide kümmern sich um die Übergänge der verschiedenen Teile, um zu einer als Ganzes wirkenden Plastik zu kommen, die nur durch mehrere Ansichten vollständig zu erfassen ist (Abb. 30–32, LH). Sie kann im Schulhof Aufstellung finden. Soll sie noch höher sein, wird unter das Ensemble noch ein unbehauener Block gestellt. Durch unterschiedliche Aufstellung im Bezug zur Architektur lassen sich Grundeinsichten über die Raumgliederung von Freiräumen durch Plastik und Architektur gewinnen.

Größere, aus mehreren Teilblöcken gefertigte Freiplastiken lassen sich ineinanderklinken und miteinander verleimen. Der Stein kann durch entsprechendes Bestreichen mit Speziallösungen wasser- und witterungsfest gemacht werden. Auf diesem Wege kann man bis zu überlebensgroßen Gemeinschaftsarbeiten kommen, die aber aus Zeitgründen nur in einer Projektwoche in Angriff genommen werden sollten.

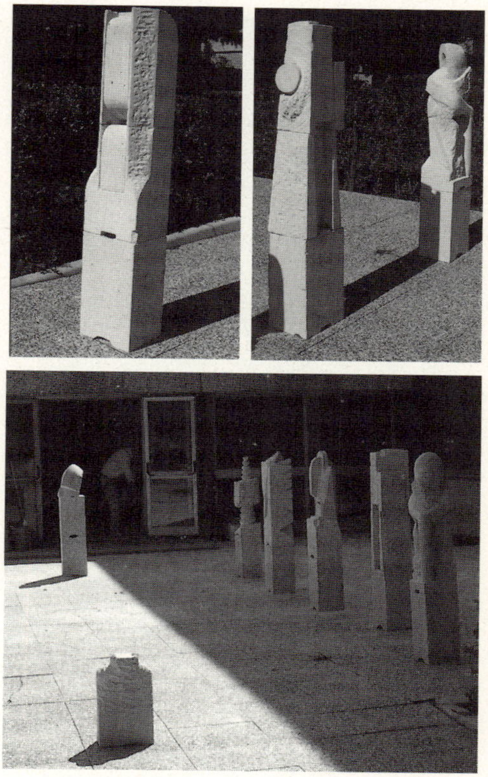

Abb. 30–32: Stelenartige Großplastik aus Ytong mit drei Blöcken, 10. Klasse

Arbeitsmittel

einfache Gegenstände der Umgebung in unterschiedlichen Formzuständen.

I. Sachinformationen
Plastische Grundprinzipien S.32/33

Im Folgenden sollen einige Gesichtspunkte, die im Text des Schülerarbeitsheftes gestreift wurden, vertieft dargestellt werden, damit im Unterricht ein gezieltes Unterrichtsgespräch über einzelne Gesichtspunkte oder über den Aufbau einer Plastik durchgeführt werden kann.
Das Kapitel „Plastische Grundprinzipien" bezieht sich auf die körperlichen und räumlichen Ausdruckswerte unserer dreidimensionalen Umgebung. Im besonderen können hierfür Plastiken oder sie vertretende Gegenstände der Alltagskultur sowie Dinge der Natur eingesetzt werden. Nicht leicht überbietet ein Gegenstand eine Mohnkapsel, eine Zwiebel oder eine geschlossene Tulpenblüte an Plastizität, während z. B. ein Gestrüpp, Nadelgehölz oder auch Brennholz auf uns keinen besonders plastischen Eindruck macht. So ist „das Plastische"als eine formale Besonderheit von Körpern aufzufassen. Die Betrachtung darüber und das Nachdenken über Gesehenes und Ertastetes soll die Schüler sensibler für bestimmbare Aspekte ihrer Umgebung machen.

Grundformen
Alle Körperlichkeit beginnt mit der Masse eines Stoffes, der in der Plastik auch Material genannt wird (z. B. Abb. 30.1; 36.1). Jede materielle Masse hat eine unspezifische Form (z. B. ein Stück Schlacke), die prinzipiell von eckig-kantiger, eher flächiger (Abb. 32.1; 32.2) oder von rund-gebogener, eher plastischer Grundstruktur sein kann (Abb. 32.3; 32.4). Beide Prinzipien sind in der Mehrzahl der vorkommenden Fälle miteinander vermischt. Der Plastiker versucht jedoch, eines der beiden Prinzipien zur Wirkung zu bringen und mit entsprechenden Aussagen zu verknüpfen.

Dies gilt jedoch nur für die herkömmliche Plastik, einer Kunst vor der Entdeckung des „Objet trouvé" in der modernen Kunst und seiner Weiterverarbeitung im Surrealismus und der Pop-Art (siehe S. 20–23). In diesen Kunstformen wird immer weniger formal, dafür konsequenter mit dem inhaltlichen Assoziationsfeld gearbeitet. Da es sich hier um zwei unterschiedliche kunsttheoretische Positionen handelt, ist auf diesen Tatbestand ausdrücklich in dem Merksatz S. 33 aufmerksam gemacht worden. Eine Bearbeitung dieser beiden Positionen ist in der Mittelstufe (Sek. I) nicht leicht, da die Vorliebe für Realitätsnähe bei den Jugendlichen dieser Altersstufe immer noch vorherrscht.

Materialeinfluß
Es ist unmittelbar einleuchtend, daß sich die Plastik auf Seite 32 (Abb. 32.2) nur schwer in Stein ausführen ließe und ein guter Teil Wirkung der Plastik auf Seite 33 (Abb. 33.1) auf dem Material Bronze beruht. Dazu bemerkt der englische Bildhauer Tim Scott (geb. 1937):
„Ich glaube heute ziemlich fest, daß das Material für die Skulptur weit weniger wichtig ist, als man gemeinhin annimmt. In Wirklichkeit ist es so, daß die Skulpturen das Material finden, das zu ihrer Konzeption paßt. Sie finden nicht eine Konzeption, die zu ihrem Material paßt. Aber viele Leute glauben, daß gerade dies geschieht, daß Bildhauer sich in ein bestimmtes Material verlieben – Holz, Stein, Stahl oder was auch immer – und dann machen sie Skulpturen, machen Sie Ideen, um dem Material gerecht zu werden."
(Tim Scott Katalog Kunsthalle Bielefeld, 1979, S. 33)

Unter dem Begriff der „Materialgerechtigkeit" verstand man zu Beginn unseres Jahrhunderts, daß der Künstler die inneren Gesetze einer bestimmten Materialität zur Entfaltung bringt und ihnen in Werkprozessen nachspürt. Doch wären die Plastiken (Abb. 32.3 und 32.4) auch in Bronze, Holz oder Stein herstellbar. Im Mittelalter (Abb. 25.1) kümmerte man sich um diesen Gesichtspunkt nicht. Dennoch zeigt die Plastik Abbildung 32.3 in ihren Volumen eine

gewisse „steinerne" Schwere, die der Abbildung 32.4 eine federnde Elastizität und Leichtigkeit, die nicht nur dem gewählten Inhalt, sondern auch dem Material zuzurechnen ist. Darüber äußerte sich der Bildhauer Henry Moore:
Wenn man nun, wie ich, die menschliche Figur in Stein hauen will, ist die stehende Haltung unbrauchbar. Der Stein ist nicht so kräftig wie Knochen, die Figur würde an den Fußknöcheln brechen und umstürzen. (...) Mit der sitzenden oder liegenden Figur jedoch hat man diese Sorge nicht, und da gibt es genügend Vielfältigkeit, um jeden Bildhauer sein Leben lang zu beschäftigen. (...) Aber die Haltung, die kompositionell und räumlich am meisten Freiheit gewährt, ist die liegende."
(Henry Moore, Ausstellungskatalog Residenz München 1983/84)

Körpergestalt
Aus Masse und Material bildet sich der Plastiker die Vorstellung einer Körpergestalt. Ein wichtiges Mittel der Ausdrucksfindung ist dabei die Form des Oberflächenverlaufs (eckig, rund) und der Oberflächenbeschaffenheit (glatt, glänzend; rauh, matt; rissig, schrundig usw.). Das Glatte erweckt immer einen Eindruck von Prallheit und Frische, aber auch Distanziertheit, das Rauhe den des Formlosen und Unbestimmten, aber gerade deswegen Anregenden und Anziehenden. Alle Werke der S. 32 haben glatte Oberflächen, die der Abbildungen 32.3 und 32.4 sind auch plastisch gespannt. In Abbildung 33.1 ist der Kontrast des Glänzend-Glatten zum Schrundig-Rissigen für inhaltliche Deutungen gut zu nutzen.

Körper und Raum
Wird der materiallen Masse eine bestimmte Form gegeben, spricht der Plastiker von Volumen. Volumen sind Körper von bewußt ausgeformter Gestalt. Sie verdrängen Raum. Das Verhältnis von Körper und Raum kann ganz von der Körperlichkeit (Antike, Renaissance) oder der Räumlichkeit (Hochgotik und Hochbarock) oder der Durchdringung beider (Manierismus und Frühbarock) bestimmt sein. Der Plastiker der Moderne sucht nach einem Durchdringungsverhältnis zwischen Körper und Umgebung, Volumen und Raum. Während in Abbildung 32.2 sich der Raum gegenüber dem Körperlichen neutral verhält, gehen Volumen und Raum in Abbildung 32.4 eine wechselseitige Beziehung ein. Sie läßt sich auch in Abbildung 32.1 und 33.1 nachvollziehen.

II. Anmerkungen ...

... zum Bildmaterial S. 32/33
Wladimir Strzeminski (1893–1952) studierte 1918/19 in Moskau und entwickelte, ausgehend von Malewitsch, einen neuen, konstruktiven Stil in der Malerei, den er auch in grundlegenden Werken der Plastik umzusetzen versuchte. Die hier abgebildete Arbeit zeigt die damalige Nähe des Konstruktiven zur flächigen Malerei (die Fotografie der Plastik könnte auch die Reproduktion eines konstruktiven Bildes sein) und zu architektonischen Utopien (die Blöcke können auch als Baukörpermodelle gesehen werden), wie sie damals weit verbreitet waren.
Franz Bernhard (geb. 1934) hat in Karlsruhe bei Wilhelm Loth studiert, dessen klassische Körperlehre noch in den Werken seines Schülers nachklingt. Er entwickelte einen plastischen Stil, der sich an den menschlichen Bewegungen orientiert, ohne dem Abbild verpflichtet zu sein (Abb. 32.2). Er gelangt so zu anthropomorphen Bildzeichen, deren Inhalte assoziativ auf menschliche Haltungen und Handlungen verweisen. Materialien wie Eisen und Holz fügt er zu Formungen, die sich stets dialektisch auf den Raum beziehen, in den hinein sie agieren und aus dem heraus sie sich auf ihr Selbst beziehen.
Hans Arp (1886–1966) studierte in Weimar und Paris. 1916 wurde er Mitbegründer des Dada im Kabaret Voltaire in Zürich, ließ sich 1926 in Meudon (Frankreich) nieder und kam 1930 zu den ersten Vollplastiken aus Gips. Fortan arbeitete er frei aus der Phantasie in Marmor, Bronze und Gips. Seine Werke tragen Titel (Gehirn des Felsens,

Abb. 32.3), die zeigen, daß er die freie Gedankenassoziation der Surrealisten nie aufgegeben hat und sich auch von einer abbildenden Skulptur stets fern hielt.
Karl Hartung (1908–1967) lernte bei Maillol und Despieau die neoklassisch-figürliche Ausdrucksform beherrschen. Im Verlauf seines Lebenswerks gelang es ihm, sich von der Psychologie der menschlichen Gestik und ihren Haltungen zu befreien, und die Formgestalt im Menschen zu suchen (Abb. 32.4). Er schuf schließlich am Ende seines Lebens auch gegenstandsungebundene Arbeiten, die sich symbolhaft an Naturvorgängen orientierten.
Bernhard Heiliger (geb. 1915) studierte in Stettin, Berlin und Paris und begann sein Lebenswerk mit konstruktiv-klassischen Menschendarstellungen. Ihm gelang es, die organische Struktur des Menschlichen soweit zu verallgemeinern, daß er gegenstandsungebundenen Formen Gegenständliches einarbeitete (z. B. Porträtbüste Ernst Reuter, 1953) und gleichwohl das Tänzerisch-Dynamisch-Bewegte menschlicher Gestalten zeichenhaft zu bilden wußte. Im weiteren Verlauf gestaltete er mythologische und abstrakte Vorstellungen in einem offenen Formkanon (Abb. 33.1) und wechselte kurz vor 1970 in eine herbe, konstruktiv aufgefaßte Metallplastik mit industriell vorgeformten Materialien. Die Symbiose zwischen Technik und Natur wurde zu einem späten künstlerischen Ziel.

... zu den Aufgaben S. 33

Die erste Aufgabe ist gelöst, wenn das Verhältnis zur Senkrechten/Waagerechten, die verschiedene Verwendung des Materials und einige Folgen (z. B. Bleche entsprechen eckig-flächigen Formen; Bronzeguß entspricht plastisch-organischen Formen), Formen des Oberflächenverlaufs und ihrer Wirkungen anhand der Abbildungen angegeben werden kann.
Die zweite Aufgabe regt an, das in Bildern Erkannte praktisch umzusetzen. Ziel ist die Sensibilisierung für Formunterschiede, die eine andere Inhaltlichkeit ausdrücken.

Sachinformationen
Plastische Komposition S. 34/35

Es ist allgemein anerkannt, daß Gemälde und Grafiken gewissen Kompositionsregeln unterliegen, die sich in den verschiedenen Epochen wandeln. In der Plastik ist diese Erkenntnis nicht ohne weiteres vorauszusetzen, da häufig nur das Abbild der menschlichen Gestalt gesehen, nicht aber die Entscheidungen ihrer plastischen Auffassung und Stellung zu Umraum und Betrachter aufgefaßt werden.
Dabei handelt es sich im Prinzip um die gleichen formalen Mittel wie bei der Malerei und Grafik. Erschwerend tritt nur hinzu, daß es sich nicht um zwei-, sondern um dreidimensionale Gebilde handelt. Zu berücksichtigen ist also der lineare, flächenbezogene, körperbezogene und raumbezogene Aspekt, zu dem der der farbigen Ausgestaltung der Plastiken noch hinzukommt.

Die linienbezogenen Aspekte der Plastik

Die Kontur oder der Umriß einer Plastik ist die erste, zweidimensional wirkende Erscheinungsform eines Körpers aus der Entfernung gesehen. Der Rhythmus der Formteile einer Plastik bestimmt den Konturenverlauf, der vom Betrachter als durchgehend geschlossen (Abb. 38.1), unterbrochen offen (Abb. 32.2), ausdrucksvoll ruhig (Abb. 25.1) oder ekstatisch gezackt (Abb. 25.2) empfunden werden kann.
Grat und Kerbe gehören zu den linearen Ausdrucksmitteln des Bildhauers. Der Grat erhebt sich scharfkantig aus der Volumenoberfläche, die Kerbe dringt in sie ein. Beide wirken als Kontraste zum plastischen Oberflächenverlauf und dienen als Mittel, sie zu gliedern.
Bricht eine Fläche um und nimmt als Ganzes einen anderen Verlauf im Raum, entsteht eine Kante, die oft auf den Umriß und die Binnenform einer Plastik Auswirkungen hat (Abb. 29.2). Kanten werden oft als richtungsweisende Linien am plastischen Körper aufgefaßt.

Die flächenbezogenen Aspekte der Plastik

Jeder Körper besitzt eine Oberfläche, wie das gemalte Bild auch. In der Plastik muß diese dreidimensional, also als ein Rundum der Fläche eines Körpers verstanden und gesehen werden. Dabei ist deutlich, daß das Volumen die Ausdehnung der Körper im Raum ist, die die Oberflächenform miteinschließt. Doch ist es ein Unterschied, ob die Oberfläche in einem weichen Verlauf ohne Brüche (Abb. 32.4; 35.2) oder in einem harten, kantigen Gebrochensein als Einheit (Abb. 32.1 und 32.2) oder auch in Gratbildungen abbrechend als Vielheit (Abb. 33.1) ausgestaltet ist. Der Begriff der Oberfläche ist vielschichtig, da er Fläche und Körper gleichzeitig anspricht und überdies noch die Oberflächenbeschaffenheit, das Rauhe oder Glatte, Gespannte oder Runzelige meint.

Die körperbezogenen Aspekte der Plastik

Wie materielle Massen auf uns wirken, hängt von der Anordnung der Teile in Bezug zur Senkrechten (Stehen) oder der Waagerechten (Lagern und Liegen) ab. Immer handelt es sich um Grundbefindlichkeiten des Menschen. In Abbildung 32.1 erleben wir die bestimmenden Größen unserer Wahrnehmung, die Senkrechte und die Waagerechte, zu einem kontrastreichen, architektonischen Gleichgewicht zusammengestellt. Das Werk von Franz Bernhard (Abb. 32.2) betont durch Schräglagen der Flächen und asymmetrisch gebogene Umrisse ein Ungleichgewicht, die einseitige Belastung, den Prozeß des Wechsels, der weder Stehen noch Liegen ist. Die eine Plastik macht einen stabilen, in sich selbst ruhenden, sicheren Eindruck, die andere vermittelt einen labilen, beunruhigenden und veränderbaren Augenblickseindruck. Werden beide Prinzipien vermischt, lassen sich sehr viele Ausdrücke menschlichen Fühlens und Befindens verkörperlichen: das Aufgestützte der Liegenden (Abb. 32.4) signalisiert z. B. eher angespannte Ruhe; die schräg zueinander schwingenden Teile der Plastik (Abb. 33.1) versinnbildlichen eine Bewegung, die von unten nach oben aufsteigt, bei gleichzeitig nach rechts drängender Dynamik.

Jeder plastische Körper, der nicht die in sich unveränderliche Gestalt einer Kugel hat, weist eine Form auf, die als Ergebnis von unterschiedlich stark auf ihn wirkenden Kräften angesehen werden kann. Ziel des Bildhauers ist es, diese Kräfte, die einmal von innen nach außen (positive Wölbungen – konvex), das andere Mal von außen nach innen (negative Buchtungen – konkav) auf die Oberflächenform einwirken, durch Proportionierung zu einem sinnvollen Spannungsverhältnis zu bringen (Abb. 33, LH).

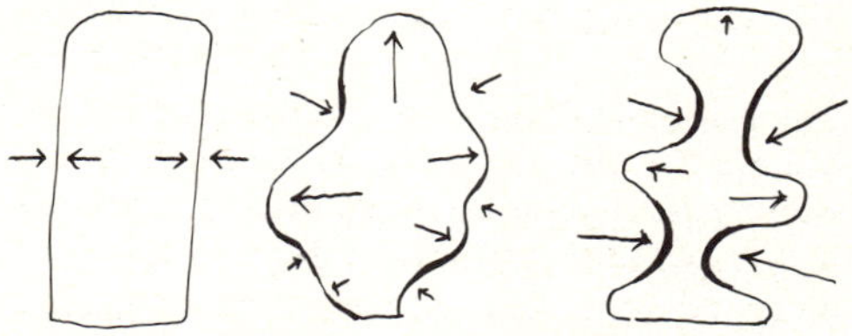

Abb. 33: Einwirken von Kräften auf die Oberflächenform einer Plastik:
- gerader Verlauf einer Wandung, Kräfte von außen (Raum) und innen (Körper) sind gleich stark.
- hauptsächlich positiv gewölbter Verlauf: die Innenkräfte wirken stärker ein als die Außenkräfte, Eindruck einer Körperplastik.
- mehr negativ gemuldeter Verlauf: die Außenkräfte wirken stärker ein als die Innenkräfte, Eindruck einer raumhaltigen Plastik

Es kommt darauf an, die Gegensätze von Positiv und Negativ in der Ausformung der Volumenoberfläche als körperhafte Beziehungen sichtbar zu machen. Dies kann durch ein Gleichmaß an negativen Buchtungen und positiven Wölbungen geschehen, die zueinander mehr oder weniger starke Höhenunterschiede aufweisen (Abb. 35.4–35.6), kann stark zum positiv Gewölbten hin entwickelt werden, wie am Körper des Menschen (Abb. 15.1; 34.1), oder auch so starke negative Vertiefungen aufweisen, daß sie mit den kontrastreichen Kanten wie zerklüftet wirken (Abb. 33.1). Durch die Abmessung der Volumen in Länge und Breite (vgl. Abb. 34.1 mit 34.2) lassen sich Ausdruckswerte erarbeiten und steigern.

Die Anordnung der Teilkörper richtet sich in der Regel nach ihrer achsialen Ausdehnung und dem Schwereeindruck, den sie vermitteln. Deswegen wird hier von der Ponderierung der Plastik gesprochen (lat. pons= Gewicht). Das harmonischste Ponderierungsverhältnis einer Statue ist der Kontrapost, das Stehen auf einem Stand- und Spielbein in stabilem Gleichgewicht (Abb. 25.1). Durch die Verlagerung der Schwereverhältnisse nach oben (labil, Abb. 25.2) oder zur Seite (Abb. 31.2), nach vorne (Bewegung, Abb. 15.1; 33.1) oder nach hinten (Stürzen, Strecken Abb. 32.4) werden Ausdrucksmöglichkeiten freigesetzt, die der Betrachter stets auf sein eigenes Stehen bezieht und von diesem aus beurteilt.

Die raumbezogenen Aspekte der Plastik

Innerhalb der räumlichen Beziehungen ist zwischen den Raumaspekten zu unterscheiden, die sich auf die Plastik und ihre Komposition beziehen und denen, die ihre Aufstellung und ihren Standort betreffen.
Körper im Raum sind prinzipiell vielansichtig. Dennoch kommt es den meisten Plastikern darauf an, daß der Betrachter das Werk aus bestimmten Blickrichtungen – Ansichtsseiten – auffaßt, da es sich von diesen aus am besten erschließt (Abb. 34.1 und 34.2). Die „Hauptansichten" lassen sich aus der vier-ansichtigen Logik des Blocks entwickeln (Abb. 29.2), reduzieren oder z. B. durch die Diagonalansichten erweitern. So sind mittelalterliche Plastiken einansichtig (Abb. 25.1), manieristische dagegen fünf-, sieben- oder achtansichtig (Abb. 29.1). Heutige Plastiken können auch unendlich viele Ansichten aufweisen (Abb. 27.3). Es ist klar, daß die Festlegung der Hauptansichten einer Plastik eine Folge der kompositorischen Arbeit des Künstlers ist und kaum dem Zufall inhaltlicher Gegebenheiten entspringt. Durch die Anordnung der Teilvolumen, dem daraus sich ergebenden Umriß und die Ausgestaltung der Hauptansichten bekommt eine Plastik ein bestimmbares Verhältnis zum Umraum. Sie kann ganz Körper sein und sich gegenüber dem Umraum abschließen (Abb. 35.1), den Raum in sich aufnehmen (Abb. 34.2) oder in ihn aktiv hineinwirken (Abb. 37.1).
Das Standmotiv einer Plastik kann entweder durch freies Liegen der Form auf dem Untergrund (Abb. 30.2), durch Abplattung der Form zu einer Standfläche (Abb. 30.4), durch Aufsetzen der Plastik auf einen Sockel ohne und mit Standfläche (Abb. 30.2; 28.3; 37.1) oder durch Kombination von Plastik und Sockel (Abb. 30.4) ausgestaltet werden. Jede Skulptur, die außerhalb eines architektonischen Ganzen zu bestehen hat, muß sich ihren Standort im Raum selbst sichern. Der Sockel schafft eine Hervorhebung der räumlichen Selbstbehauptung einer Plastik, was Stärkung gegen mögliche Störung oder Bedrohung durch die zufällige, reale und lebendige Umwelt bedeutet (Abb. 37.1). Häufig kann der Sockel auch ein Bindeglied zur umgebenden Architektur sein, allerdings – falsch dimensioniert – auch das Gegenteil bewirken.

... zum Bildmaterial S. 34

Aristide Maillol (1861–1944) war der große Gegenspieler Rodins. Während dieser an Bewegungsdynamik interessiert war, widmete sich Maillol der tektonischen Form. Er fand als Autodidakt zu einer klassisch-statuarischen Plastik, die den menschlichen Körper auf einfache Grundverhältnisse und -haltungen zurückführte. Seine Plastik „Die Nacht" (Abb. 34.1) fügte er ganz bewußt in einen Kubus als Grundform. Dann teilte er die Seiten nochmals in zwei gleichseitige Dreiecke, die sich nun an der Haltung der Gliedmaßen deutlich nachlesen lassen. Maillol wurde zum Vorbild aller, die sich im 20. Jahrhundert einer traditionellen, klassisch orientierten, aber tektonisch aufgefaßten Plastik zuwandten.
Karl Schmidt-Rottluff (1884–1976) gehörte zur Expressionistengruppe „Die Brücke" und war einer ihrer bedeutendsten Vertreter im Holzschnitt. Im Ersten Weltkrieg wandte er sich der Holzplastik zu. Es entstanden eine Anzahl direkt aus dem Stamm geschlagener

Plastiken, die ihn zum bedeutendsten Bildhauer des deutschen Expressionismus im engeren Sinn werden ließen. In der hier abgebildeten Plastik nimmt Schmidt-Rottluff Anregungen aus der afrikanischen Plastik auf (Hocken, Art der Volumenabgrenzung, Kopfgestaltung), vermag aber sein europäisches Denken so in die Plastik zu integrieren (Gesamthaltung, Auffassung der Extremitäten unter Einbezug von Raum als Gestaltungsmittel), daß eine neue Einheit jenseits akademischer Vorgaben entstand.

... zu den Aufgaben S. 35
Die erste Aufgabe ist gelöst, wenn erkannt wird, daß die Abbildungen 33.5 und 35.4 die gleiche Plastik in entgegengesetzter Ansicht darstellen, und wenn es dem Betrachter möglich ist, Teile der Plastik in der Ansicht der Abbildung 35.6 mit denen der Abbildung 35.5 zu vereinen.
Die zweite Aufgabe ist gelöst, wenn wichtige Aspekte beider Plastiken gegeneinander gestellt werden können:

Bronze	Holz
– freie Anordnung der Teile	– der Maserung folgende Anordnung
– geschlossen	– offen
– vieransichtig aus der Logik des Blocks	– einansichtig aus Gründen der Inhaltlichkeit
– raumverdrängend	– raumintegrierend
– organisch-plastisch	– konstruktiv

Die dritte Aufgabe ist wert, in einem medialen Zeitalter etwas länger bedacht zu werden. Die originale Begegnung läßt dem Betrachter einen Freiraum für die Wahl von Standpunkten aus unterschiedlichen Richtungen, die Fotografie erzwingt eine fremd gewählte Ansicht, egal ob sie der Komposition des Werkes entspricht oder nicht. Die Abbildungen 35.4 – 35.6 werfen das Problem auf: Welche Aufnahme müßte gewählt werden, um das Werk von Arp entsprechend der Wirklichkeit abzubilden? Dies führt zu weitreichenden Folgerungen bis hin zum Problem der Medienmanipulation überhaupt. Ziel wäre es, dem Schüler zu verdeutlichen, daß die Direktbegegnung – gleichgültig, ob mit Literatur, Landschaft, Architektur oder Menschen – die einzige, für ihn selbst akzeptable Möglichkeit sein kann, sich eine Meinung über einen Gegenstand zu bilden und selbstbestimmt zu vertreten.

III. Unterrichtsvorschläge

Ausgehend von der plastischen Komposition ist die Frage zu stellen, auf welche Art und Weise die einzelnen Teilstücke miteinander verbunden wurden und wie die Oberfläche, die sensible Haut der plastischen Masse, sich nach innen zum Kern und nach außen zum umgebenden Raum verhält, womit gleichzeitige Ansichtsbildung und Aufstellung angesprochen sind. Für die unterrichtliche Auswertung der Texte der Seiten 32 bis 35 im Schülerarbeitsheft gibt es drei Möglichkeiten:
1. Man benutzt die Textabschnitte dort, wo sie für andere Aufgabenstellungen wichtig sind. Z. B. ließe sich der letzte Absatz, S. 32 gut im Zusammenhang mit der Endbearbeitung einer Specksteinplastik nutzen, der Abschnitt davor für den Beginn einer Ytongarbeit.
2. Man nimmt den Text, wie er ist und bearbeitet ihn auf theoretischer Gundlage einschließlich der Abbildungen, läßt Schüler Beispiele sammeln, auch kurze Notizen über Grundprinzipien im Hinblick auf die gefundenen Abbildungen oder originale Werke machen. In diesem Fall wäre dies eine Thematik für eine 10. oder 11. Klasse beispielsweise im Zusammhang mit einem kunstgeschichtlichen Überblick.
3. Man unterzieht direkt aus der Umwelt mitgebrachte Gegenstände aller Art (einen Ziegelstein, ein Ei, eine Gurke, Federtasche, Vase) einer gründlichen Analyse, und macht deutlich, daß alle körperlichen Dinge unserer Umwelt, nach den gleichen Kriterien befragt, entsprechend reagieren (siehe auch S. 3). Mit diesem Material könnte dann im Abschnitt Plastische Komposition weitergearbeitet werden.

Anregungen für die Weiterarbeit

In der weiteren Bearbeitung bietet sich an, was in der zweiten Aufgabe S. 33 schon gefordert wird: mit Ton oder Ytongbrocken, auch anderen Abfallstücken, Modellfälle der Grundprinzipien und der kompositorischen Lösungen zu erstellen. Mit geschnittenen Tonquadern lassen sich die Möglichkeiten der Ponderierung durchspielen (stabil – labil; dynamisch – statisch; Kontrapost) oder bei gleicher Form unterschiedliche Oberflächen anbringen, um über die veränderte Wirkung nachzudenken. Besonderes Interesse zeigen die Schüler, wenn sie aufgefordert werden, ihre oder des Sitznachbarn lange Hosen zu begutachten und deren Faltenwurf als Oberflächenverlauf in Positiv-Negativ-Abfolgen nachzumodellieren.

Wer in die Tiefe gehen will, kann eine Reihe von Aufgaben praktisch bearbeiten lassen:

1. Aufgabe

Es werden eine Kugel und ein Quader aus gleichen Anteilen von Material hergestellt.

2. Aufgabe

Die Grundform der Kugel wird durch Drükken oder Modellieren so verändert, daß eine möglichst dynamisch-bewegte Kleinplastik entsteht. Bei dem Quader soll eine möglichst statisch-gefügte Kubenplastik durch Schneiden und Ansetzen ohne Antragen von weiterem Material entstehen (Abb. 34, LH). In beiden Arbeiten bleiben die Oberflächenformen a) gebogen, sphärisch b) flächig bestehen. Der zweite Teil der Aufgabe ist außerordentlich gut dazu geeignet, in Probleme der plastischen Komposition einzuführen. Da beim Aufbau der Plastik aus der Kugel auch immer gleich eine Gesamtvorstellung von dem vorhanden sein muß, was geformt werden soll, ist es schwer, im try and error Verfahren ästhetisch befriedigende Lösungen zu finden. Genau dieses ist aber in der Arbeitsweise der Quaderplastik möglich, weil das Gesamtvolumen feststeht und herausgeschnittene Teile, ähnlich einem Baukasten, wieder abgenommen und an anderer Stelle angesetzt oder gar geteilt werden können. Ziel soll sein, negative und positive Abfolgen so zu formen, daß eine Rundumplastik entsteht, die durch ihre Komposition den Betrachter zum Umgehen auffordert. Dabei kommt es auf die Einsicht an, daß eine „Rundumplastik“ den Betrachter durch angeschnittene Teilvolumen in einer Ansicht zum Herumgehen auffordert (vgl. Text S. 30, Abb. 30.3 und 30.4), hingegen ein harmonisches Gesamtbild einer Ansicht nur zum Stehenbleiben verleitet (Abb. 25.1).

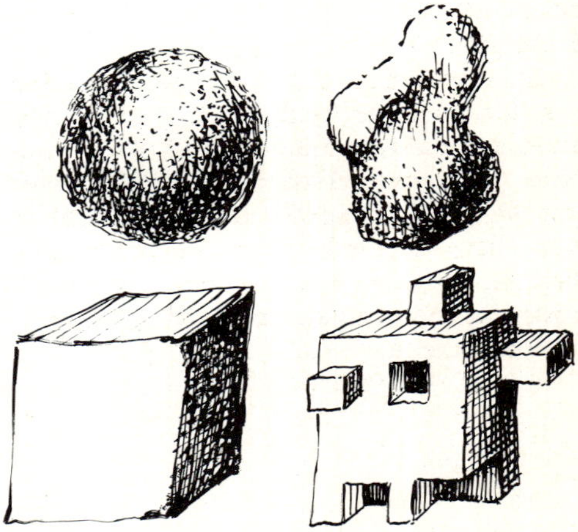

Abb. 34: Herstellen plastischer Kompositionen
- Kugel: nur Positivform, durch Drücken der Kugeloberfläche entsteht ein spannungsreicher Verlauf von Positiv und Negativ.
- Der Würfel ist eine plastisch neutrale Form, durch Ausschneiden und Wiederansetzen von Teilkörpern wird der Würfel plastisch aktiviert.

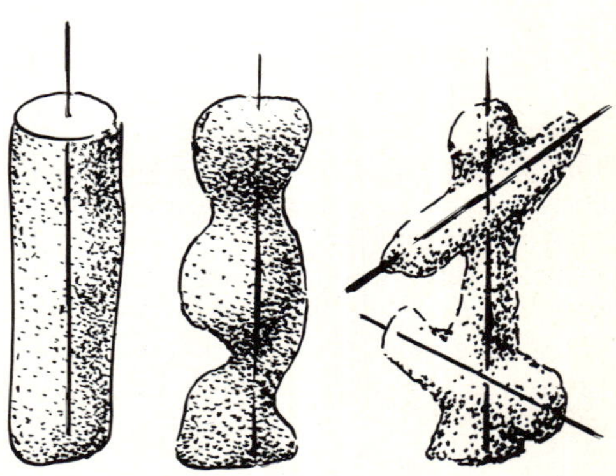

Abb. 35: Achsiale Beziehungen in der Volumenabfolge und ihre unterschiedlichen Wirkungen

3. Aufgabe
Zylinder aus Tonmasse werden aufrecht aufgestellt und durch Einbuchtungen proportional gegliedert (Abb. 35, LH).
4. Aufgabe
Die Zylinder werden weiter in den Raum hinein durch axial angeordnete Teilvolumen differenziert. Die Horizontalen werden zu Schrägen im Raum. Schließlich ist es möglich, auch die Hauptachse selbst zu knicken, zu spalten, etc.
5. Aufgabe
In einer letzten Aufgabe lassen sich Aspekte des Stehens (unten breite, nach oben hin sich auflösende Massevolumen) und des Schwebens (nach oben breiter und ausladender werden) untersuchen. Es kann im Sinne der Abbildung 33.1 schließlich auch versucht werden, zu einem dynamischen Bewegungszusammenhang zu kommen.

PLASTIKEN IM ÖFFENTLICHEN RAUM (AH S. 36–39)

Materialien

Plastiken der Umgebung; Papier, Pappe, Papiermaché, Draht.

Arbeitsmittel:

Schere, Klebstoff, Papiermesser.

I. Sachinformationen

Der Aufstellungsort einer Plastik richtet sich nach der Komposition, dem Material und dem Standort der Plastik. Es lassen sich die Außenaufstellung von der Innenaufstellung, die freie Plazierung auf einer Ebene, vor einer Wand, in einer Nische oder im funktionalen Zusammenhang mit der Wandgliederung eines Gebäudes unterscheiden. Die Wahl des Standortes muß auf die Komposition einer Plastik eingehen und vor allem ihre Hauptansichten berücksichtigen. Doch hängt die Wahl auch von den persönlichen Vorlieben der Künstler, bzw. den Funktionen der Plastik, sowie den Bräuchen und Ritualen einer Gesellschaft ab. So sagt z. B. Henry Moore in der ästhetischen Einstellung des modernen Menschen:

„Die Plastik ist eine Freilichtkunst. Sie braucht Tageslicht, Sonnenlicht, und mir erscheint die Natur als ihr bester Hintergrund und ihre beste Ergänzung. Mir wäre es lieber, wenn eine meiner Skulpturen in einer Landschaft aufgestellt würde – es könnte fast jede Landschaft sein – als in oder vor dem schönsten Gebäude, das ich kenne."

(Henry Moore, Ausstellungskatalog Residenz München 1983/84).

Für die Mesopotamier (Abb. 7.1) war es hingegen selbstverständlich, ihre Figürchen möglichst nahe am Altar der verehrten Gottheiten aufzustellen, da sie stellvertretend für den Spender gottesdienstliche Funktionen auszuüben hatten. Die von Ossip Zadkine (Abb. 37.1) geschaffene Figur hatte er als Symbolfigur aller im Zweiten Weltkrieg zerstörten Städte gedacht. Als Besinnungsmal für die Zerstörung städtischen Lebens in Europa ließ er sie von Ort zu Ort wandern. Erst die Spenden eines Bewohners der Stadt Rotterdam, die 1940 durch deutsche Luftangriffe zerstört wurde, banden das Werk in eine bestimmte, schicksalhafte Situation dieser Stadtbevölkerung ein und schufen dadurch einen Sinnbezug für alle Bewohner dieser Stadt. Dieser Vorgang ist ein Musterbeispiel dafür, wie aus der privaten Betroffenheit eines Künstlers schließlich ein Denkmal von öffentlichem Interesse hervorgehen kann, dessen einzig möglicher Aufstellungsort nicht das Museum (Abb. 25.2) oder ein Park (Abb. 33.1), sondern der öffentliche Raum der Stadt selbst ist. Auch hier lassen sich die ästhetische, das Stadtbild verschönernde Aufstellung (Abb. 34.1; 32.2; 39.1) von den Plastiken trennen, die tatsächlich gesellschaftliche Funktionen und Aufgaben übernehmen (Abb. 25.1; 27.1; 38.1). Es ist der Ort, der den Sinnbezug herstellt, auf den das plastisch-räumliche Werk eingehen müßte, um ihn zu kennzeichnen. Statt dessen sind heute viele Künstler mit ihren eigenen, gestalterischen wie psychologischen Problemen befaßt, die in den meisten Fällen keinen adäquaten Bezugspunkt in der gesellschaftlichen Wirklichkeit finden. So ist die Frage berechtigt, die den Museumsleuten gestellt worden ist:

„Sollen Kunstwerke bestimmte Merkmale besitzen, wenn sie im öffentlichen Raum mit dem Anspruch der öffentlichen Geltung auftreten? (. . .) Kunstwerke können nicht kontextunabhängig gesehen und bewertet werden. Es fehlt eine bindende Leitidee von Stadt heute, also fehlt auch ein Leitbild der Skulptur und ihrer Bedeutung im öffentlichen Raum. Allgemeine diffuse Begriffe wie Auflockerung oder Verschönerung des Stadtbildes, künstlerischer Akzent, Gegenstand der Kommunikation usw. können diesen Verlsut nicht ersetzen."

(U. Weisner: Das Dilemma der Kunst im öffentlichen Raum. In: Sandro Chia: Leidenschaft für die Kunst. Bielefeld 1986, S. 126)

Die Museen, die Aufstellung in einem Park sind dann oft der letzte Ausweg, um ein Werk nicht im Dunkel des Depots verschwinden zu lassen. Es gibt aber auch heute noch zwei legitime Funktionen der Plastik im öffentlichen Raum, die auch als solche akzeptiert werden: Das Denkmal (Abb. 37.1; 38.1) und der Brunnen (Abb. 39.1), wobei die Funktion des Denkmals eine Differenzierung nach Aufgabengebieten nahelegt.

II. Anmerkungen ...

... zum Bildmaterial S. 36–39
Richard Long (Abb. 36.1) gehört zu der Gruppe von Land-art-Künstlern, die über die „arte povera" und Beziehungen zur Minimal-Art eine fast romantische Aneignung der Landschaft entwickelt haben. Durch Verändern von Geringfügigkeiten verstehen sie es, eine erregende Spannung in das sonst ruhig und scheinbar unberührt daliegende Naturbild zu bringen. So auch in Abbildung 36.1, wo der Künstler zu dem fast banalen Mittel griff, herumliegende flache Steine aufzustellen und wie einen Raumspalt auf einen Abhang hin anzuordnen. Der Betrachter assoziiert Urzeitiges und Sonnenbezogenes, Kosmisches und Erdgebundenes in einem. Das ist nicht mehr ein „vollendetes Werk", das uns seiner Perfektion wegen betroffen macht, sondern eine Anregung, die Gefühle in uns auslöst und uns selbst zum Vollender des Angebotenen werden läßt.
Ossip Zadkine (1890–1967) studierte als russischer Emigrant in London und dann in Paris, wo er mit den kubistischen Formelementen in Berührung kam, die er in der Abfolge seiner Werke einmal mehr mit surrealistischen, das andere Mal eher mit expressionistischen Ausdrucksmitteln anreicherte. So gelang ihm in seiner Plastik „Die zerstörte Stadt" (Abb. 37.1) eine des inhaltlichen Ausdrucks wegen geformte Plastik, eine Symbiose moderner Stilrichtungen, wie sie sich nicht besser vorstellen läßt.
Käthe Kollwitz (1867–1945) war hauptsächlich als Malerin und Graphikerin tätig. Vor allem ihre Radierungen, Linolschnitte und Lithographien machten sie bekannt. Ihre engagierte Anteilnahme am Schicksal des proletarischen Menschen zog auch politische Wirkung nach sich. So wurde sie von den Nazis verfehmt, von den Kommunisten fälschlich vereinnahmt. Hin und wieder griff sie – moralisch unterstützt durch Ernst Barlach – zu Modellierholz und Meißel und arbeitete zäh und über Jahre hinweg an einzelnen Plastiken. An dem Denkmal für ihren gefallenen Sohn Peter hat sie 17 Jahre mit wechselnder Intensität gearbeitet. Das zunächst geplante Denkmal für seinen Opfertod und den der Kriegsfreiwilligen (Vater und Mutter mit dem liegenden toten Sohn in der Mitte, einer Pietà ähnlich) wurde schließlich aufgegeben. Statt dessen kan nun der verschlossene, tiefe Schmerz in dem trotzig aufgerichteten Vater und der tief im Gram gebeugten Mutter zur Darstellung. 1931 wurden die beiden Figuren in Gips auf einer Ausstellung der Akademie in Berlin gezeigt, an der Käthe Kollwitz lehrte. Danach wurden die Figuren in Granit übertragen und 1933 auf dem Soldatenfriedhof Roggevelde-Eessen bei Dixmuiden aufgestellt, auf dem auch ihr Sohn lag. Nach dem Zweiten Weltkrieg fanden sie in Vladsloo ihren endgültigen Platz.
Die Brunnenanlage entstand 1967 im Zuge städtischer Planungen des Bauamtes Karlsruhe für die Bundesgartenschau und wurde kurz darauf, im Zuge von Umgestaltungsarbeiten des Schloßparks wieder eingeebnet, vermutlich weil der Unterhalt der elektronischen Steuerungsanlage für die Fontänen-Szenerie zu aufwendig wurde. Der Brunnen war eine originelle Lösung, weil sein Element, das Wasser, die Funktion der Raumgestaltung übernahm. Diese Form hat – von Wasserspielen der Villa d'Este in Tivoli bei Rom abgesehen – kaum Vorbilder. In dem barocken Karlsruher Schloßpark griff die Planungsgruppe nicht auf die Formen eines barocken Beckenbrunnens mit Fontäne zurück, sondern formte den Brunnen bewußt als Anlage, die sich aus der Natur des Parks heraus entwickelte.

... zu den Aufgaben S. 36–38
Die erste Aufgabe S. 36 ist gelöst, wenn die Funktion der einen Plastik – individuell erlebbare Veränderung einer Landschaft durch Eingriff eines Einzelnen – und die der anderen Plastik – als Denkmal herausgeho-

ben aus dem Getriebe einer wieder lebendigen Stadt – erkannt, und die Konsequenzen für eine bewußte Gestaltung benannt sind.
Die zweite Aufgabe ist gelöst, wenn die auf S. 35 aufgeführten vier Grundtypen auch anderswo in diesem Heft richtig angesprochen werden können (ohne Stand z. B. Abb. 32.3, mit Standfläche z. B. Abb. 33.1, ohne Stand mit Sockel z. B. Abb. 23.2, mit Stand und Sockel z. B. Abb. 34.2).
Die dritte Aufgabe bezieht sich vor allem auf die Abbildungen 36.1 und 37.1, aus denen ersichtlich wird, daß es sich nicht unbedingt um eine neue Formschöpfung handeln muß, sondern daß die Isolierung eines Gegenstandes aus seinen gewohnten Zusammenhängen und die Aufstellung (vgl. auch Abb. 23.2) den Ausschlag geben.
Die erste Aufgabe S. 37 ist gelöst, wenn zwischen mutmaßlich privater (Abb. 13.2), musealer (Abb. 7.1) und öffentlicher Aufstellung (Abb. 21.1, 38.1) unterschieden werden kann.
Die zweite Aufgabe regt zu einer praktischen Arbeit an, die z. B. mit einer Foto-AG auch anderswo im Umfeld der Schule durchgeführt werden könnte, um etwas über die Bereicherung zu erfahren, die das Aufstellen von Plastik in Freiräumen erbringt.
Die dritte Aufgabe ist auf die jeweiligen Umstände der eigenen Siedlung, in der die Schule liegt, zu beziehen und nur im Zusammenhang mit einer Unterrichtseinheit „Darstellung von Körper und Raum“ befriedigend zu lösen – sofern nicht Fotokopien der Platz- oder Straßenfronten ausgeteilt werden können.
Die erste Aufgabe S. 38 ist gelöst, wenn die Unterscheidungen mehr oder weniger differenziert gemacht und einige der Abbildungen damit in Zusammenhang gebracht werden können.
Die zweite Aufgabe ist gelöst, wenn z. B. eine Sammlung von Brunnenanlagen der verschiedensten Zeiten oder Denkmäler ausgeschnitten und gesammelt worden sind.
Die dritte Aufgabe soll den Schülern zeigen, daß sich eine Menge eigenständiger plastischer Gegenstände im Haushalt der Eltern oder auch bei einem selbst angesammelt hat. Meist handelt es sich um Kleinplastik im weitesten Sinne, d. h. Mitbringsel in der Erinnerungsfunktion.
Im allgemeinen sind solche Anlagen den Jugendlichen bekannt. Weniger achten sie auf die Form der Wasserführung. Jede Zeit hat ihre eigenen Vorstellungen der Wasserführung entwickelt. So bevorzugte das Mittelalter in der Regel den ruhig fließenden Strahl, der in ein Becken fällt. Die Renaissance liebte die kunstvoll wasserspeienden Brunnenfiguren. Die Manieristen spielten mit dem dünnen Strahl, der sich in verschiedenen Richtungen überkreuzte. Das Barock liebte die Wasserfülle und arrangierte entweder Fontänen oder Kaskadenfälle. Nachdem im 19. Jahrhundert keine neuen Ideen dazukamen, bemühte man sich im 20. Jahrhundert wieder um neue Wasserführungen, so z. B. den zerstäubten Wasserfilm oder auch das Nachstellen natürlicher Situationen, doch sind die Formen im Ganzen uneinheitlich. Die Aufgabe auf S. 39 soll mehr Aufmerksamkeit für den öffentlichen Bereich erbringen, der als solcher oft überhaupt nicht bewußt wahrgenommen oder gar problematisiert wird.

... zur psychologischen Situation
Die beiden letzten Kapitel sind für die Mittelstufe nur dann geeignet, wenn sie in der zweiten Hälfte der 10. Klasse dazu dienen, sich mit Plastiken auch theoretisch und nicht nur produzierend zu beschäftigen. Aber das sollte nur dann geschehen, wenn die Schüler und Schülerinnen sich zumindest das eine oder andere Mal mit plastischen Ausdrucksmitteln beschäftigt haben, daß eine Gemeinschaftsarbeit in der Schulöffentlichkeit zur Aufstellung gekommen ist. Hier wäre der unmittelbare Bezug und ein Interesse an den hier dargestellten Problemkreisen zu vermuten.

III. Unterrichtsvorschläge

Die hier angeschnittene Problematik hat einerseits notwendigerweise mit Kultur- und

Kunstpolitik zu tun. Andererseits ist jedem Pädagogen geläufig, daß dieses gerade nicht zu den Interessenbereichen der Schüler und Schülerinnen dieser Altersstufe zählt. Deswegen sollte hier auch auf die „Behandlung eines Stoffgebiets“ im üblichen Sinne verzichtet werden. Es gibt für die Textverarbeitung nur zwei brauchbare Möglichkeiten:

1. Die Texte dienen sporadisch dazu, in der Praxis angegangene Bereiche zu vertiefen. So können ausgewählte Abschnitte dieser Texte also dazu dienen, die an anderer Stelle durchgeführte praktische Arbeit zu reflektieren. Dies trifft besonders dann zu, wenn es sich um eine Projektarbeit innerhalb der Schulöffentlichkeit handelt. Daran lassen sich auch Beobachtungen primärempirischer Art anknüpfen und z. B. Reaktionen der Vorbeigehenden vor der „öffentlichen Plastik“ registrieren und gesprächsweise auswerten.
2. Über kleine praxisorientierte Aufgaben im Umfeld der Schule und der Stadt ein Problemfeld zu erarbeiten, in dem die Texte Hilfe und Anregungen sein könnten. Bei der didaktischen Überlegung war schließlich ausschlaggebend, daß viele Schüler hier vielleicht zum letzten Mal in ihrem Leben überhaupt Gelegenheit bekommen, über ihre eigene Welt und deren Ausgestaltung nachzudenken. Diese Perspektive macht deutlich, daß das wenige, was sich überhaupt machen läßt, immer noch besser ist als gar nichts.

Dieses Lehrerheft bezieht sich auf das Schülerarbeitsheft:
„Plastisches Arbeiten“
von Klaus Kowalski
Best.-Nr. 20589

Alle Seitenangaben und Abbildungsverweise beziehen sich, soweit nicht anders angegeben, auf das Schülerarbeitsheft.

Benützte Abkürzungen:
LH = Lehrerheft
AH = Schülerheft

Quellennachweis:

Henry Moore: Ausstellungskatalog Residenz München
München 1983/84, Nr. 50
Carla Schulz-Hoffmann (Hrsg.): Niki de Saint Phalle
München 1987, S. 39/41
Tim Scott: Katalog Kunsthalle Bielefeld
Bielefeld 1979, S. 33
U. Weisner: Das Dilemma der Kunst im öffentlichen Raum
in: Sandro Chia: Leidenschaft für die Kunst
Bielefeld 1986, S. 126

Abbildungsnachweis:

Tate Gallery, London: Abb. 1

Gedruckt auf Papier aus
chlorfrei gebleichtem Zellstoff,
säurefrei.

1. Auflage 1 5 4 3 2 1 | 1997 96 95 94

Alle Drucke dieser Auflage können im Unterricht nebeneinander benutzt werden, sie sind untereinander unverändert. Die letzte Zahl bezeichnet das Jahr des Druckes.

Redaktion: Hannelore Irmer, Verlagsredakteurin
Fotosatz: Steffen Hahn GmbH, Kornwestheim
Druck: Röck, Weinsberg
ISBN 3-12-205893-6